JN124592

TODによる
サステナブルな
田園都市

監修：株式会社 東急総合研究所
編著：太田 雅文・西山 敏樹・諫川 輝之
著者：林 和眞・加賀屋 りさ・川口 和英
　　　坂井 文・高橋 輝行・中島 伸

近代科学社 Digital

はじめに

　本書のキーワードはTOD、サステナブル、田園都市である。TODは Transit-Oriented Development の略で、鉄道をはじめとした公共交通に根差した都市開発やまちづくりを意味する。1990年代、米国の都市計画家ピーター・カルソープにより提唱された理念で、より健全で持続可能なコミュニティへと導く上で不可欠とされ、今、世界中で注目されている考え方である。

　鉄道の駅を中心とした街は、わが国では当然のこととされているが、海外ではそうでもない。欧米の先進国においても自家用車がモビリティの中心となっている都市が少なくなく、今後大きな問題となってくるであろうとされているのが、ASEANやグローバルサウスの大都市だ。これらが経済発展とともに車中心となってしまうことにより、交通渋滞やコミュニティ育成、ひいては温室効果ガス排出などの観点より好ましくない方向のまちづくりへと導かれていってしまうのでは、という危惧がある。

　一方、わが国のTODの特徴は、1つ1つの駅を中心とした街が独立しているのではなく、鉄道を軸とする上にこれらが連坦することにより「沿線」という地域概念が定着していることにある。どこに住んでいるの？と問われたときに、自治体名とともに〇〇沿線と答えることも少なくないのではないか。長い歴史の中でTODが都市文化として根づいており、この起因となっているのが、民間の鉄道事業者（TOD事業者、と言っても良いかもしれない）による「田園都市」的な沿線開発である。一般的には「鉄道事業者」と言われる民鉄も、運輸事業の全体に占める売上比率は2、3割程度でしかない（図0.1）。

　このTOD事業者たちは、郊外に住み都心に毎日電車で通勤することを基本とするライフスタイルを基盤とするビジネスモデルを確立した。

　昭和の高度経済成長期から平成に至るまで、TODにより東京をはじめとする大都市は成長してきた。しかし、大きな流れを一変させようとしたのが2020年初頭からの新型コロナウイルス感染症を起因とする行動変容である。当初、感染拡大防止が目的であった在宅勤務・リモートワークの拡大は働き方や会社組織への帰属など価値観を一変させることになった。

また、元々コロナ禍前よりあった地球温暖化対策をはじめとする環境問題、さらには多様性を包摂することなど社会課題解決を目指すSDGs意識の高まりはますます加速化することとなった。いわゆる「サステナブル」の発想で、まちづくりにも波及している。

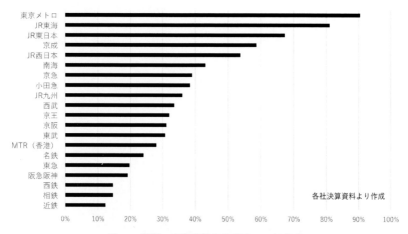

図0.1　運輸・交通事業収入比率：2022年度

　サステナブル＝Sustainable＝持続可能な、という言葉がまちづくりのキーワードとなってかれこれ30年くらい経つであろうか。今の私たちだけではなく、将来、いくつもの世代にわたり健全な社会へと導けるのか、ということが重要な課題として認識されるようになった。

　気候変動の主要因とされているCO_2をはじめとした温室効果ガス排出を抑えるべく、効率良く再生可能エネルギーを調達し、合わせて最先端技術を導入して、かつ人々の行動変容を促す省エネルギー型都市づくりとしていかなければならないことが第一義的使命であることは間違いないのであろうが、「まち」を構成するのは、さまざまな人格や個性がある「ひと」であることを忘れてはならない。環境へ過大な負荷がかかってしまうような贅を極めることは戒め、自重しつつも、安全で安心できるコミュニティになっていて、生きがいや自己実現、社会参画・貢献意識、イノベーション、それなりに経済成長を実感できるようなことも達成していかなければなら

ない「バランスを取る」発想も必要なのである。

　かねてより、どうすれば街をより良く、暮らしやすくできるのかという議論は多々あった。よく引用されるのは、ル・コルビジェとジェイン・ジェイコブスの対比である。スイスで生まれ、フランスで主に活動した建築家ル・コルビジェ（1887〜1965）は、1930年に著した『輝く都市（La Ville Radieuse)』において、人口過密で環境悪化が著しい近代都市問題を解決するために、ビルを高層化することにより足元にオープンスペースを確保すれば良いと説いた。自動車道と歩道を分離する歩車分離を進めることが容易となり、より快適で安全な歩行空間も確保できる。

　1933年にCIAM（近代建築国際会議）で採択された通称「アテネ憲章」ではこのコルビジェ『輝く都市』の理念が盛り込まれ、都市の機能は住居、労働、余暇、交通で、都市は「太陽・緑・空間」を持つべきである、とされている。「潤い」とでも表現できるような要素を都市空間に付与していくため、建物の高層化・超高層化による空地の確保は有効という主張である。コルビジェの思想は、世界の諸都市の都市計画に大きな影響を与えることになった。わが国でも都心や副都心に林立する多くの超高層ビルや、広幅員の自動車用道路と歩行者専用道を組み合わせたネットワークを基本とする、多摩、千葉、港北といった国策により整備が進められてきたニュータウンも、この思想の影響を受けたと言って良いであろう。

　それぞれの土地やエリアに応じて適したと思われる用途に利用法を限定し、歩車を分離しつつ移動を効率化、超高層ビルにより利用価値の高い土地からの収益性を極大化、合わせてオープンスペースも生み出す、という近代都市計画の基礎とも言える思想は一見よくできているようにも思える。しかし、果たして、このような考え方だけで健全で魅力ある「まち」を生み出すことができるのであろうか？

　たとえば、東京南西部には多摩田園都市と港北ニュータウンという2つの「計画的に」つくられた街が広がっている。その違いは、多摩田園都市は東急という民間資本主導型で整備されてきたのに対し、港北ニュータウンは日本住宅公団（現在のUR都市機構）と横浜市という公的セクターが主導でつくり上げられてきた街であることで、特に鉄道駅・タウンセンター周辺あたりにその違いは如実に現れる。

港北ニュータウンに行くと、駅へのアクセスや通過のために片側3車線の広幅員道路と、これとは別に周辺住宅地へと向かう歩行者動線も、広幅員道路を跨ぐ歩道橋などによりしっかり整備されているのに対し、多摩田園都市に行くと、たまプラーザや青葉台といった「核」となる街・駅周辺道路でも片側1車線であるがゆえに土休日の交通渋滞問題はあるものの、駅や商業施設への来訪者がこの道路を渡り周辺の街へと滲み出し、結果、街中にちょっとこぎれいな雑貨店やカフェ、趣のある居酒屋がある。季節によって色づく街路樹も、広い幹線よりも適度な幅員の道路に映え、車と歩行者が共存する心地良い空間を演出する。民間であるがゆえに道路やデッキなどのインフラに多くのリソースを配分できなかったこと、逆に、公的セクターはこの領域の事業をパワフルに推進できた結果だが、都市の機能性や効率性重視であった時代は終わり、より多様な価値観を追い求めていかなければならない今日、どちらが「サステナブル」であるのか評価は難しいと言えよう。

　街は長い時間をかけて成長・衰退するものであり、その時代時代で「あるべき」と定められた価値観が永続するのか、判断を下したときにはよくわからないものである。近代都市計画の萌芽期に「しっかり街を組み立てていく」という思想で支持を集めたル・コルビジェではあったが、その後、その対極となる考え方の方が今のまちづくりには適しているのではないかという声も大きくなってきた。米国の作家・活動家ジェイン・ジェイコブス（1916〜2006）の『アメリカ大都市の死と生（The Death and Life of Great American Cities）』における論点、すなわち都市に必要不可欠なものは「多様性」であるという視点である。

　『輝く都市』から31年後の1961年に著されたこの作品において、ジェイコブスは、ボストン市内で再開発の対象になる地区でもほとんど犯罪が起きていない一方で、郊外住宅地でも犯罪多発地区があることに着目し、大事なことはそこにいる人々が皆自分のコミュニティに関心を持っているのかどうか、多くの目（ストリートウォッチャー）があるのかどうかで街路の安全性が確保される、ということを示した。彼女は同時に都市が多様であるための条件として、複数の用途が混在し、人々がさまざまな時間帯で外出し、同じ場所・施設に異なる目的で留まり、街区は短く、街路が頻繁

に利用され、角を頻繁に曲がることになり、古い建物と新しい建物が混在し、人々が高密度で集積していること、などを挙げている。20世紀中頃、特に米国の大都市が自動車中心で人間不在になり、社会分断や治安の悪化の元凶ではないかと憂えたアンチテーゼとでも言えよう。

ル・コルビジェとジェイン・ジェイコブス、対極をなす2人の論点だが、どちらかが正しく、どちらかが間違っているというものではなく、実際のサステナブルなまちづくりに際しては、両方の要素を取り入れなければならないことは明らかだ。問題は、地域固有の文化・土壌・資源に合わせ、DXをはじめとする技術進化の動向を踏まえ、いかにして投入するリソースのバランスを取り配分するのか、戦略的に行うためのマネジメントの枠組みなのであろう。加えて、都市を脱炭素・循環型社会に導いていくことが次の世代に向けての健全なまちづくり、との議論も高まっている。いわゆる「サステナブルコミュニティ」で、本書では主に大都市圏を対象に、このことについて論じる。

本書は大きく分けて以下の3パートで構成される。郊外の住宅と都心の業務、両者を結ぶ1.0、沿線の都市機能が多様化した2.0について、特に渋谷から東京南西部に延びる東急田園都市線の「軸」にフォーカスし、コロナ禍前の発展経緯について「TOD・田園都市の歴史」で振り返る。次に、エリマネをはじめ地域と事業者が交流する3.0、ポストコロナの働き方変化を踏まえた自律分散型（本書では「納豆」と表現）構造の4.0、DX・GXによる関係・交流人口増、行動変容へと導く5.0について昨今特に高まりつつあるSDGsやサステナブルを重視する潮流を踏まえ、データ分析も加えながら「サステナブルとポストコロナの都市構造」で論じる。最後に、東京都市大学都市生活学部のアカデミアの方々より「公共交通オリエンティッドな持続可能な都市空間」において都市空間のデザイン、マネジメント、発展戦略、また、これを支える交通基盤について、本書で扱うサステナブルなまちづくりの個別課題や対象地域とも関連づけながら論考する。

2024年3月　太田 雅文

目次

第1章 TOD・田園都市の歴史

第2章 「サステナブル」とポストコロナの都市構造

第3章　公共交通オリエンティッドな持続可能な都市空間

第1章

TOD・田園都市の歴史

"Garden City" を「田園都市」として輸入することにより、鉄道沿線まちづくりが始まった。そのイニシアチブを取ったのは民間の鉄道・TOD事業者であった。高度経済成長から、成熟化型社会を迎えた今日に至るまでの経緯について、東京南西部、渋谷から「多摩田園都市」と呼ばれる街に至る東急田園都市線「軸」におけるTOD1.0と2.0を中心に振り返る。

1.1　Garden Cityから田園都市へ

そもそも、サステナブルなまちづくりの原点は英国を起源とするGarden Cityであった。これが「田園都市」と訳され、わが国に輸入され、TODによる「沿線」地域アイデンティティを形成することで実践されてきた。ここでは、その経緯について概観する。

1.1.1　Garden City

街をもっと住みやすく、暮らしやすく、という思想はル・コルビジェやジェイン・ジェイコブスより前、19世紀末の英国からあった。ロンドンの社会活動家エベネザー・ハワード（1850〜1928）による "Garden City" である。ハワードは自ら著した『明日の田園都市（Garden City of To-morrow)』において、劣悪な生活環境の大都市を逃れて郊外に移住、自然溢れる中住み働ける「衛星都市」を創るべき、と説いた。

実際、19世紀の英国は、18世紀中頃から19世紀初頭にかけての産業革命により経済は急成長し、栄華を極めたヴィクトリア朝時代であったが、一方で、小説家チャールズ・ディケンズ（1812〜1870）の『クリスマス・キャロル』や『二都物語』にも描かれているように、大都市ロンドンへの過度の集中や、富める者とそうでない者との分断などさまざまな社会課題が噴出した時代でもあった。公園や森に囲まれ農作業もできる職住近接都市を郊外に建設する提案だけでなく、ハワードは実際、ロンドン北約60kmのレッチワースにGarden Cityをつくった。暮らしやすいハードの環境に加え、この取り組みのもう1つの特徴は、住民たち自ら施設運営をはじめとしたまちづくり活動へ参画し、都市経営の収支を「見える化」するコミュニティ形成を目指したことにもあった。今まさに、戦後の高度経済成長期の弊害とも言えるまちづくりを「人任せ」する風潮に対して、当事者意識を植えつけようとする仕組みとも相通じる先駆的な考え方であった。

その後、ハワードのGarden City理念はさまざまなところで具体化された。ロンドンでは都市計画家パトリック・アバークロンビー（1879〜1957）が1944年に表した「大ロンドン計画（The Greater London Plan)」にお

いてコナベーション（Conurbation）と呼ばれる大ロンドン既成市街地を取り囲む形での職住近接自己完結型のニュータウン整備が提案された。計画の特徴は、既成市街地の無秩序な外延化を抑止すると同時に、緑地・農地の都市的土地利用への転換を防止するための「グリーンベルト：Green Belt」の概念も盛り込まれたことにある。

　グリーンベルトについては、既に1924年のアムステルダム国際都市計画会議においても提唱されていたが、アバークロンビーにより世界を代表する大都市ロンドンで存在感を発揮した。大ロンドン計画の2年後、1946年にニュータウン法（New Town Act）が制定され、ロンドン近郊50km圏で8つの第一世代ニュータウン開発（ハーロー、バジルドン、クローリー、ブラックネル、ヘメルヘムステッド、スティーブネイジ、ハットフィールド、ウェリン）に着手する。その後、さらに遠い80〜100km圏のミルトン・キーンズやピーターバラでの第二世代のニュータウンもあり、ハワード提案は政策として実を結ぶことになるが、この田園都市＝衛星都市建設と両輪をなしたのがグリーンベルトであった。英国では1947年の都市農村計画法（Town and Country Planning Act）により土地の私権制限を定め、市街地の無秩序な広がりを抑える施策の位置づけを明確化した。結果的に、ロンドンに限らず英国、特に欧州諸都市を訪れると強く印象に残る建物はほぼ市街地に集約され、周辺には何も建っていない「カントリーサイド」と呼ばれる平原が広がる、メリハリある景観となっている。

1.1.2　田園都市

　ハワードのGarden Cityは世界各国の都市開発に影響を与え、わが国も例外ではなかった。賛同したのは明治期の実業家渋沢 栄一（1840〜1931）である。江戸幕府最後の将軍徳川 慶喜に仕え明治新政府で行政改革のキーパーソンとし活躍した後、実業家として銀行、損保、電力、ガス、製紙、麦酒等々さまざまな業種業態の企業の設立や社会福祉事業にも携わり、日本近代資本主義の父と言える渋沢だが、そのうちの1つが大都市郊外開発・街づくりであった。彼は早速四男の渋沢 秀雄（1892〜1984）にレッチワースをはじめとした欧米先進事例を視察させる。街並みのモデルとなったの

はサンフランシスコ郊外にあるセントフランシスウッドであった。

　渋沢が着目したのは東京南西部の洗足、大岡山、田園調布、多摩川あたりであったが、これに先駆けGarden City的都市開発を実践したのは阪急電鉄創始者の小林 一三（1873～1957）であった。元々銀行マン（三井銀行）の小林だが、恐慌後、大阪で箕面有馬電気軌道という鉄道会社を経営することになった。その後、ターミナル型百貨店（梅田阪急：1929年開業）などさまざまな事業を生み出すアイデアマンであった小林だが、新たな鉄道敷設と沿線開発を一体的に行えば、その相乗効果を発揮できるであろう、ということに思い当たり、梅田から池田・箕面エリアを対象にこのモデルを当てはめ、日本型田園都市を初めて実践した。ハワードの理念、その後のロンドン圏におけるニュータウン開発においては、Garden Cityは公共政策的な色彩が濃かったが、渋沢などにより考案されたコンセプトは、鉄道と組み合わされることにより民間による「田園都市＝ビジネス」へと変わった。大阪の成功体験を生かす形で東京における取り組みを実質的に差配していたのは小林であった。洗足、大岡山、多摩川台（現在の田園調布、玉川田園調布）の3地区の開発を手がけていた田園都市株式会社発起人の渋沢は不況時の中、鉄道と開発一体型の事業を成功に導いた小林の手腕を高く評価し経営＆プロジェクトリーダーを任せた、と言われている。田園調布の特徴は、シンボリックなデザインの駅舎を中心とし、放射状と環状道路の組み合わせで宅地造成されていることにあり、街中の放射状道路のいかなる場所からも駅、すなわち鉄道の存在を常に意識する（図1.1）。

　渋沢をはじめとした使節団が万国博覧会訪問のため滞在したパリの凱旋門で採用された「エトワール式」と呼ばれる手法が導入された。土地の利用効率のみを重視するのであれば、碁盤の目状に街路ネットワークをつくれば良かったようにも思えるが、田園調布では駅・鉄道と街との一体感に重きを置いている。街中の環状道路は曲線を描いているので、歩いていて先まで見通せてしまうのではなく、生け垣や街路樹の緑が目に入る潤いを感じる街並みとなっている。ちなみに、地域のシンボルとして親しまれてきたデザインの駅舎は1990年、東横線複々線化事業に伴う工事により解体され、線路の地下化とともにその直上に地上レベルへと移設され2000年に元のデザインで復元された（図1.2）。

図1.1 田園調布の街（1932年）
（写真提供：東急株式会社）

図1.2 田園調布旧駅舎復元

　1918年に設立した田園都市株式会社は、1922年にその鉄道部門が目黒蒲田電鉄株式会社として分離独立し、現在の東急株式会社ができた。同年には多摩川台地区（今の田園調布、玉川田園調布）の分譲を開始、翌年1923年には目黒～蒲田間の鉄道が開業、都心アクセスの足も確保される。1928年には多摩川台地区の分譲を終えた田園都市株式会社は役割を終え、子会

社であった目黒蒲田電鉄株式会社に吸収合併され鉄道会社の田園都市事業部門という位置づけになった。当時は宅地造成と分譲が終わったところで開発会社の役目は終了と思われており、ハワードのGarden Cityにあったコミュニティによる都市経営や後の東急多摩田園都市において重要となる「二次開発」やエリアマネジメントの優先順位は高くはなかった。

　東京における田園都市型郊外開発の先駆者は東急であったが、これに続き、東武ときわ台、西武大泉学園、京王桜ヶ丘、小田急南林間、京急金沢能見台、相鉄緑園都市と同様の事業展開を行う同業のフォロワーが次々と現れてくる。以下、歴史の古い順に概観してみよう。

　まず、西武池袋線の大泉学園は、西武グループ創始者である堤 康次郎率いるデベロッパー箱根土地株式会社により1920年代中頃開発された。元々大学など高等教育機関を誘致し、それを核とした学園都市まちづくりを目指していたが、結局誘致はできず、しかしながら、碁盤の目状区画の高級住宅地として高いステイタスを保っている。東映東京撮影所があって著名な漫画家松本 零士が住んでいたということもあり、独特の存在感を発揮している。同じ時期、小田急は「林間都市」の建設を進めていた。相模大野と鶴間の間に、東林間都市、中央林間都市、南林間都市の3駅を新設（その後、「都市」を取った駅名）、元々広がっていた平地林を生かし、松竹撮影所誘致やスポーツ施設（例：相模カンツリー倶楽部）と連携したまちづくりを進めようとしたものである。南林間の街区画は全体としては碁盤の目状になっているが、駅前は田園調布と同様、駅を中心として放射状道路が外に延びる形態となっている。

　次にときわ台であるが、東武東上線ときわ台駅近くの元々伊勢崎線と東上線を結ぶ鉄道新線計画を断念したことにより生じた土地活用である。1930年代中頃の分譲であったこともあって、田園調布開発を見習うべき先駆者として意識していたことが感じ取れる。ゆるやかに曲線を描くプロムナードなど都市環境・景観への配慮が見受けられ、駅舎も洋瓦を用いた瀟洒なデザインとなっている。1950年代になると京王帝都電鉄（現在の京王電鉄）も田園都市事業に参入してくる。1956年に田園都市建設部を設立、1960年には多摩市内聖蹟桜ヶ丘駅南の80haあまりの造成工事に着手した。敷地面積100坪にもなる高級住宅地で「多摩の田園調布」とも言われている。

　京王に次いだのは京急であった。1970年代になると、既に300haを確保していた釜利谷（横浜市金沢区）地区の開発に着手、地区内に保存された歴史的旧跡「能見堂跡」にちなみ京急ニュータウン金沢能見台と命名され、海を臨む田園都市まちづくりを目指した。

1.2　多摩田園都市のまちづくり

　英Garden Cityは「田園都市」へと、TOD事業者のビジネスモデルとして確立した。ここでは、このモデルを大規模かつ総合的に展開した五島慶太・昇親子による東急の「多摩田園都市」開発経緯について述べる。

1.2.1　大きな「田園都市」へ：五島 慶太の登場

　以上記してきたように、1920、1930年代頃、郊外に延びていく鉄道の新設に合わせて沿線開発も行われた。ハワード提唱のGarden Cityが渋沢栄一によりわが国に持ち込まれ、小林 一三が企業や社会の成長へと繋がるビジネスモデルとして確立し、民鉄各社が競い合った結果である。東急と他社との違いは、元々田園都市株式会社というデベロッパーを起源に持ち、その一部であった鉄道部門が目黒蒲田電鉄株式会社として独立、その後、「親」であった田園都市株式会社が「子」であった目黒蒲田電鉄株式会社に吸収されるという運命を辿った東急にはまちづくりに対して強い思いのDNAにあるのではないか。

　最大の果実とも言えるのが、東京南西部の丘陵部約5千ha規模でのまちづくり「多摩田園都市」である。田園調布を含む多摩川台地区開発から30年あまりが経ち、高度経済成長期を迎えた1950年代から事業に着手、今に至るまで継続的にさまざまな取り組みが展開されてきた。最大の特徴は開発規模にある。同時期にあった先述の京王桜ヶ丘や京急能見台、さらには1970年代から「東急多摩田園都市」に対する「相鉄緑園都市」ということで、いずみ野線という鉄道新線と一体的に進められ、横浜の新山の手と言われるニュータウンと比較しても桁違いの面積となっている。

　この一大事業の立ち上げ期において強力なリーダーシップを発揮したのが、東急の実質的な創業者五島 慶太（1882～1959）であった。

　元々鉄道院（今の国土交通省）勤務公務員の五島だが、多摩川台地区開発のリーダーであった小林 一三が当時多忙を極めていたこともあり、田園都市株式会社の大株主であった第一生命社長矢野 恒太（1866～1951）より、その後、継役として指名され、1920年に鉄道院を退職し武蔵電気鉄道株式会社常務に就任した。武蔵電気鉄道とは渋谷から横浜まで、今の東横線を建設・運営するための会社で、1924年には東京横浜電鉄株式会社と名称を変え、2年後の1926年には丸子多摩川～神奈川間、翌年1927年には渋谷～丸子多摩川間が開業、渋谷から神奈川に至る東横線が完成する。1928年には田園都市株式会社とともに目黒蒲田電鉄株式会社に吸収され、この会社が東京南西部で鉄道と沿線まちづくりの両方を担ういわばTOD会社となり、初代の代表取締役が五島 慶太となった。

　別名「強盗慶太」とも呼ばれた五島は、意欲的に多方面へと事業を拡大する。鉄道ネットワーク的にはまず、大井町線の建設に着手、1927年に大井町～大岡山間、次いで1929年に大岡山～二子玉川間が開業した。さらに、1933年に池上電気鉄道株式会社を、1938年に玉川電気鉄道を買収することにより、当時の既成市街地における東急のネットワークはほぼ概成、1942年には東京急行電鉄株式会社と改名した。小林 一三に倣いターミナル型百貨店事業にも参入、1934年には渋谷に東横百貨店を開業する。小林の梅田阪急の5年後、東京では浅草松屋（1931年）に次ぐ2番目、電鉄系では初の取り組みである。渋谷の特徴的な風景として、「地下鉄」銀座線が何故か3Fから出ていること、とよく言われるが、元々は五島の仕掛けによるものである。1934年、渋谷～新橋間の地下鉄建設を目標に東京高速鉄道株式会社という会社を設立、1938年に渋谷～虎ノ門間が開通する。郊外だけでなく、都心部の地下鉄も民間投資によりつくられていた時代であった。渋谷駅上空の建物を貫通する形で鉄道が計画された理由の1つとして、1940年開催予定であった東京オリンピック会場の駒沢公園アクセスを意識していたと言われている。実際、戦後の多摩田園都市へのアクセス手段として、銀座線を二子玉川まで延ばすことが基本案であった。

　いろいろな事業を手がけたが、中でも五島は教育関連事業に熱心であっ

た。関東大震災で被災した東京工業大学を蔵前から大岡山に誘致したことに始まり（1924年）、武蔵小杉に日本医科大学（1931年）、八雲に東京府立高校（後の東京都立大学）（1932年）、日吉に慶應義塾大学（1934年）、下馬に東京府青山師範学校（後の東京学芸大学）と、次々と高等教育機関を沿線に誘致した。学芸大学や都立大学は駅名となり、今や地域ブランドを表す地名とまでなっている。さらに、五島は誘致するだけでは飽き足らず、自分自身で教育事業を興した。私財を投じて武蔵高等工科学校（後の武蔵工業大学、今の東京都市大学）や東横学園（今は東京都市大学に編入）を設立、沿線活性化だけでなくその後の東急グループ事業拡大における貴重な人材供給源として重要な役割を果たすことになった。

1.2.2 多摩田園都市の始まり

　五島は、戦時中の東條内閣閣僚であったこともあり、戦後1951年まで公職追放を命じられていたが、復職2年後の1953年、今の多摩田園都市の基本構想とも言える「城西南地区開発趣意書」を公表した（図1.3）。

図1.3　城西南地区開発趣意書より
（出典：城西南地区開発趣意書）

　この「趣意書」には以下の記載がある。

・東京都は最早これ以上人口が膨張すれば、東京都自体が全部行きづまってしまう状態であります。

・厚木大山街道に沿って四、五百万坪の区画整理をして、東京都の人口を移植するのであります。

・此の地方を開発するには玉川から荏田、鶴間を経て座間、厚木に至る間に電車か又は高速度道路をつくることが必要と思います。

・厚木大山街道に沿って少なくとも十ケ所位田園都市的の都会をつくって同時にこの地方全部の発展を盛り上がらせたいと思っております。

　同じような時期、国主導型で多摩、千葉、港北の3つの大規模ニュータウン建設の話も進められていたが、戦後直後の急速な経済回復もあり、東京への爆発的な人口集中を「追い風」としてとらえ、かつて田園調布エリアで行ったGarden City的開発をより大規模に、また、民間主導で進めていこうという意思表示であった。

　但し、五島の提案は国策と必ずしも一致しなかった。ハワードのGarden Cityをニュータウン政策として実現した英国において、政策の柱として、都市の成長とともに市街地の外延化を抑制する「グリーンベルト」があった。この流れを受け、わが国でもグリーンベルトが政策の目玉となる。1958年の第1次首都圏基本計画では「近郊地帯」という既成市街地外側での開発抑止帯が設定され、五島の多摩田園都市構想対象地と重なった。しかし、わが国のグリーンベルト政策はうまくいかなかった。英国と日本の状況はかなり異なっていたためである。

　グリーンベルトが適用された英国ではグレーターロンドンプランで1940年代、この時代、ロンドンへの人口流入は沈静化していた。東京のグリーンベルト、すなわち第1次首都圏基本計画時において東京への集中が加速化していたこととは大きく異なる。加えて、環境保全志向が強かった英国の大地主と、経済成長志向であった東京近郊の土地所有者の人々との間でのマインドの違いもあったのではないか、とも言われている。7年後の1965年、首都圏整備法で近郊地帯は廃止され、1968年の第2次首都圏基本計画で近郊地帯に代わって「計画的な市街地展開と緑地保全を図る」ことを目的とした「近郊整備地帯」が設定、晴れて城西南地区開発趣意書は国策とも整合の取れた事業計画となった。

　この間、五島配下の東急社員は現地に展開し、さまざまな場所で将来の
まちづくりの夢を語る「開発委員会」を組織化、ビジョンと構想をまとめ
ていった。その範囲は3千haを超え、前述の民鉄各社が手掛けた「田園都
市」的開発を大きく超える規模となった（図1.4）。

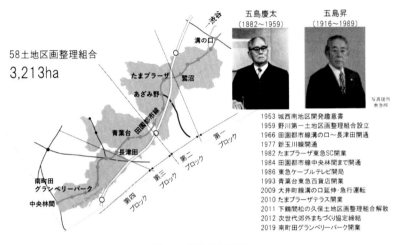

図1.4　多摩田園都市

　実際の開発手法としては、全面的に土地買収するのではなく、土地区画
整理事業が採用される。この枠組みのもとでは、各地権者は減歩という形
で道路、公園、学校などの公共空間の分に加え、工事費相当の保留地を提
供する。保有する土地面積は減少することになるが、当時旺盛な宅地需要
もあって、開発後に区画の単価が上がることにより資産価値は保全される。
合わせて東急が先行買収分に加えた保留地相当分を引き受けることにより、
事業リスクを一手に引き受けることになり、安心してプロジェクトに参画
することができる。

　各開発委員会は土地区画整理組合へと進化、壮大な規模での街づくりが
始まった。最初の組合設立は趣意書から6年後の1959年、川崎市内の野
川第一地区であった。田園都市線の南、駅からは離れている場所であった
が、22haという比較的コンパクトなサイズであったこともあり、いち早く
話がまとまり、その後、合わせて58もの組合ができてくる中での第一号と

なった。でき上がった洗練された街並みは、その後のフォロワーたちへの
モデルとなるいわばショールーム的な役割を果たすことになる。

　野川第一を皮切りに次々と組合が設立し、ピークとなる1960年代後半
には15地区、1,500haを超える面積の区画整理が事業中になっている（図
1.5）。

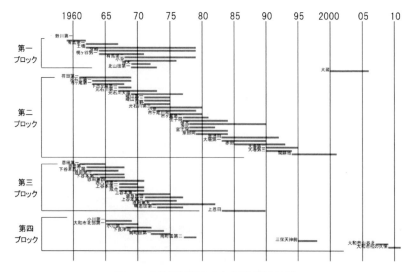

図1.5　多摩田園都市の土地区画整理事業

　この時期は東京の人口急増期であったこともあり、まさに市場ニーズに
応える「商品」であった。その後、1970年以降、土地区画整理事業個所数
は徐々に減少する。1990年代、「趣意書」から40年あまりが経過した段階
において、全体の9割程度が完遂、「一次」開発はほぼ終わることになった。

1.2.3　多摩田園都市：進化と変化

　多摩田園都市では城西南地区開発趣意書を以て事業の立ち上げ段階で旗
を振った五島 慶太の没（1959年）後においても、その後を継いだ五島 昇
（1916〜1989）、そして、その後においても綿々と、その街に根づいた東
急による街の進化、変化が続く。東急が事業協力者という形で参加した土
地区画整理事業区域だけでも3,213haであるが、加えて日本住宅公団（現

UR都市機構）による奈良恩田地区、三菱化成（現三菱化学）やウシオ電機の研究所、日本体育大学、桐蔭学園といった教育関連施設、さらには、こどもの国や寺家ふるさと村、鶴見川や恩田川沿いに広がる農地に代表される自然溢れる空間含めると全体で約5千haにも及び、何度か「マスタープラン」作成にもチャレンジした。各組合による事業そのものが成り立つのはもちろん、5千ha全域を1つの「街」としていかに総合力を発揮できるのか、全体最適にいかにして導いていくことができるのか、こういった問題意識を持ち続けてきている。

　「ペアシティ計画」（1966年）、「アミニティプラン」（1973年）、「21プラン」（1988年）とマスタープランは3つあった。建築家菊竹 清訓とともに策定したペアシティ計画の時代、まだ多くの個所において宅地造成が佳境であったが、交通インフラ、緑地、拠点開発が有機的に繋がる絵姿が提案されている。拠点を「プラーザ」、準拠点を「ビレッジ」と呼び、実際、青葉台駅前には青葉台プラザビルが建設された。「クロスポイント」と表現された生活に関連する諸々の機能が街中に分布し、現在のまちづくりの原点とでも言える。

　アミニティプランでは、住むだけの単なるベッドタウンではなく、大学や企業の研究所誘致も進めていくこととされた。さらに、21プランでは駅から離れたところに文教ゾーンや自然と触れ合うゾーンが配置された。また、こどもの国に加え、大人も楽しめる「おとなの国」も構想され、地権者の人々とも協働で、嶮山スポーツガーデンとして実現する。

　国策として進められた多摩や港北ニュータウンほどではないが、街路網の基本は幹線と住区内ならびに歩車を分離することとし、加えてラドバーン、クルドサックといった当時斬新とされた都市デザインの要素も、さまざまな場所で取り入れられた。建築協定で街並み景観が維持されているエリアも多くあり、1987年には日本建築学会賞を、1989年には緑の都市賞を受賞している。建築学会賞受賞理由は以下の通りであった。

・1953年という早い段階で構想され、マスタープランを実現に至るまで維持しつつ、常に時代の先端的整備手法を導入し、街づくりを発展させた。
・住宅地開発と鉄道整備が区画整理事業の中で一体的に進行し、人口定着と並行して市街地生活環境が整備された（一括代行方式）。

・市街地環境が計画的に維持されている（建築協定、歩車分離、緑化、駅前広場など）。

・ベッドタウンから職住近接都市へ、を次の街づくりの目標に掲げ、その一歩として情報通信手段のネットワーク化を進めている（社会的先駆性と創造性）。

　多摩田園都市は土地区画整理事業によりつくられたが、これは基盤整備・宅地造成後においてもさまざまな土地所有者により街が構成されることを意味する。土地利活用、建築物（主として住宅）の立ち上がり時期は各土地所有者の意思により決められてしまうため、市街化の計画的コントロールは難しいという側面もある。従って、たとえば、全面買収の新住宅市街地開発法により開発された多摩ニュータウンと比較して人口定着のスピードは緩やかになるが、逆に残った空閑地をその時代時代に合わせたニーズに基づく土地利用へと導きやすくなり、将来にわたって持続可能な、サステナブルなまちづくりである。

　区画整理による宅地造成が「一次」開発であれば、「二次」開発すなわち造成後の宅地をいかに上手に活用した街づくりへと導くのかという発想が次の段階で重要となる。一次開発が"TOD 1.0"であれば、二次開発が"TOD 2.0"とでも言えようか。この二次開発の中でも中心的な位置づけとなったのが、いくつかの拠点となる駅周辺を中心とした、商業他多様な都市機能の集積創出である。

　今の多摩田園都市では、たまプラーザ（東急SC：1982年）、青葉台（駅ビル・百貨店：1992年）、南町田（グランベリーモール：2000年）の3つが拠点となっている。たまプラーザは「テラス」（2010年）、南町田は「グランベリーパーク」（2019年）とグレードアップさせる形で駅拠点開発を進めてきた。

　田園都市線では、都心側渋谷との中間地点にある二子玉川における「ライズ」（2011年）も加え、大規模商業施設が開業当初から、その後、地域の拠点としてシンボリックな機能とデザインへと改良された鉄道駅に隣接される形で整備されてきており（図1.6）、郊外型TODが上手に実現されてきた鉄道沿線と言える。

図1.6　たまプラーザ駅

　商業だけでなく、さまざまな機能が街の成熟化とともに導入されてきた。「働く」という観点での研究所、青葉台のフィリアホールのような文化・エンタテイメント、情報通信インフラとしてのCATV（現イッツコム）、保育園、高齢者介護施設、そして、目立たないものの、まちづくりによる地域ブランド価値向上にあたり役割を果たしたのが、個人地権者の多様な土地活用を促すコンサルティング業であった。

　事業着手前の「勉強会」から区画整理事業を通じて長い間の信頼関係を糧としたものだが、それまで空地であったところにレストランやパン屋などお洒落な店舗等を誘致することにより、街がより楽しく魅力的になった。長期にわたるまちづくり価値向上に貢献した多摩田園都市事業による功績である。

　郊外におけるハイクラスで洒落たライフスタイルを描いたTBS系の人気ドラマ「金曜日の妻たちへ」（通称「金妻（きんつま）」、1983年）の舞台になったこともあり、多摩田園都市は住みたい郊外ナンバーワンになる。街路や施設といったハード整備はもちろん、生活スタイルがいかに魅力的であるかを情報発信することが、街のブランド価値向上に結びつくことを物語る。

1.3　鉄道による沿線型TODの実践

　TODの主要な構成要素事業は都市開発・まちづくりに加え、交通・モビリティがある。ここでは「沿線」地域の「軸」として重要な役割を果たす鉄道について取り上げ、整備と運営の歴史的経緯について概観する。

1.3.1　田園都市線

　郊外で自己完結（Self-Contained）・職住近接型の衛星都市とハワードにより提唱された"Garden City"とは異なり、わが国の民鉄TOD事業者によりつくられていった「田園都市」の特徴は都心の業務集積と郊外の住宅地が鉄道によって直結していることにある。もちろん、多摩田園都市も例外ではなく、開発者と同じ東急が運営する田園都市線で渋谷へ、さらには相互直通運転している半蔵門線で青山や大手町に直結している。田園都市線は多摩田園都市を支える最重要インフラストラクチャーである。

　ただ、1953年の城西南地区開発趣意書において「玉川から荏田、鶴間を経て座間、厚木に至る間に電車か又は高速度道路」とあったように、鉄道と同時に道路も有力な候補であった。当時、急速に進んでいた自家用車普及を踏まえ内務省（その後の建設省）OB人材のアイデアや助言を活用することにより、渋谷〜藤沢（江ノ島）〜小田原〜箱根を結ぶ有料高速道路を民間による建設・運営が検討され、渋谷〜江の島間（1954年）、小田原〜箱根間（1955年）、藤沢〜小田原間（1957年）の免許が申請された。主たる交通手段が自動車になっていくであろう、鉄道と比較して道路の建設費は割安、という見通しに基づく。しかし、その後、有料道路は国による整備をという方針になり、1956年には日本道路公団が設立、名神（1957年、小牧〜西宮）、東名（1962年、東京〜静岡）高速道路が着工、東急による免許申請区間の中では唯一、小田原〜箱根が「箱根ターンパイク」と称し1965年に開業した。振り返ると、先に述べたグリーンベルト政策もそうであるが、この時代、官民が「連携・調整」しながらというよりも、むしろ競い合って切磋琢磨しながら、戦後の復興と持続的な成長を目指した構図がうかがえる。ある意味とても活力に溢れていた時代であった。

　有料道路事業参入に諦めざるを得なくなった東急は、多摩田園都市アクセス交通として、溝の口まであった大井町線を延ばすことにした。道路公団設立と同じ1956年、溝の口〜長津田間の免許を申請（翌1957年に溝の口〜中央林間に変更）、その後、工事に着手、免許申請から10年後の1966年、長津田まで開業した。土地区画整理事業による街づくりと一体となった鉄道整備であったので、相当の用地確保を区画整理が担い、各駅において駅前広場が整備されたこと、踏切が1つしかないこと（現在はゼロ、開業当時唯一残った田奈1号踏切も1989年には立体化）が特徴であった。その後、つくし野（1968年）、すずかけ台（1972年）、つきみ野（1976年）と徐々に延伸、最後に1984年に中央林間に到達し、免許申請から28年を経て全線開業へと至った。

　田園都市線建設と同時に並行する東名高速道路の工事も進められ、1968年、東京IC〜厚木IC間が開業する。わずか20年足らずの間に、丘陵地帯を大山街道が縫うように走っていただけの地域が、ニュータウン＝田園都市の骨格となる交通基盤が完成した。長津田までの本線開業から11年後の1977年、たまプラーザ〜江田の駅間で進められていた「元石川大場」という118haにも及ぶ大規模区画整理が完成（組合解散）、ほぼ中心にあざみ野新駅が開業する。さらに、1993年には横浜、新横浜から至る横浜市営地下鉄3号線が開業、交通結節点としての拠点性も帯びてきた。地下鉄は新百合ヶ丘まで延伸する（2030年開業予定）。1998年には東名横浜青葉ICが開業した。鉄道と道路両面からの利便性が向上し、単に住むだけのベッドタウンとしてだけではなく、さまざまな都市機能を導入するための素地が整えられてきた。

　田園都市線のルートは、拠点開発のための種地があったたまプラーザへと迂回している他は大山街道に並行している。区画整理により整備した駅前広場にはTODまちづくりにおいて重要な役割を果たすバスをはじめとした駅までのフィーダー交通が乗り入れ、開放的な空間や、街路樹やモニュメントもあるシンボリックな景観は、広場を日常的に利用する人々に潤いをもたらした。駅名にも拘った。たまプラーザ（当初の仮称は元石川）、藤が丘（谷本）、青葉台（成合）など、良好な生活環境を想起できかつ地域のシンボル性のある命名をし、ブランド価値向上に貢献している。

1.3.2　新玉川線：田園都市線・多摩田園都市の都心側

　多摩田園都市の都心アクセスのための主要交通手段である鉄道・田園都市線は、溝の口まで来ていた大井町線を延伸したものである。溝の口〜長津田間が開業した1966年の3年前の1963年に、大井町線という呼称は一旦田園都市線に変わった。大井町起点の鉄道を以て都心アクセスルートとなっていたのである。しかし、地図を眺めれば一目瞭然だが、多摩田園都市から都心に至る最も効率的なルートは、南西から北東に真っすぐ斜めに上がっていく、渋谷や青山、赤坂を目指す「大山街道軸」である。

　元々、渋谷から二子玉川園（今の二子玉川）までは、1907年に開業した玉川電気鉄道、通称「玉電」と呼ばれる路面電車があった。1938年に東急に会社は合併してしまったが、親しまれていた玉電の愛称は残り、地域密着型交通機関として愛用されていたものの、戦後急速に高まった自家用車保有に伴い道路空間は逼迫してきた。加えて、東京五輪後1967年に渋谷まで開通していた首都高速道路3号線を東名高速と接続する用賀まで延ばすことになり、高架橋の支柱を立てる空間確保のためには路面電車との共存は困難で地下鉄に代替することとなった。高速道路は地下鉄に先駆け（1971年、新玉川線開業の6年前）開通した。

　当初の地下鉄整備計画は、渋谷までの銀座線を延伸することであった。問題は、多摩田園都市における人口定着が予想外に進んだことにある。銀座線は16m車両6両編成と小型で、都心部の比較的短距離トリップニーズに応じることには適しているものの、果たして郊外から都心部へと大量の人々が通勤する流動に対応できるのか甚だ不安である。鉄道ネットワークのあるべき姿について議論が重ねられ、1968年の都市交通審議会答申第10号において、都心から大山街道軸を南西部へと貫く新しい鉄道を整備する、という結論に至った。11号線すなわち東京メトロ半蔵門線、東急田園都市線の整備である。

　渋谷以東の山手線内側については営団地下鉄による整備と決まったが、問題は渋谷〜二子玉川園間である。エリア的には東急沿線で、玉電もあり、当然東急が整備主体の第一候補となるのだが、500億円はかかるであろう（最終的には727億円）と言われた巨額の工事資金を、いかに調達し回収

するのかということが大きな問題になった。では、500億円という金額は
どの程度の重さなのか？現在とは時代背景が異なり比較は簡単ではないが、
たとえば、玉電廃止の1969年度における東急電鉄全線の運賃収入の約5倍
である。2022年度の運賃収入が約1,200億円なので、その5倍ということ
となると6千億円、最近の事例になるが、副都心と相互直通運転をするた
めに東横線を代官山〜渋谷間で地下に切り替える工事費が1千億円くらい
ではないかと言われたが、その6倍にもなる途方もない額であった。当時
の鉄道土木を担った人々の話を聞くと、「そんなに金かけて会社を潰す気
か！」と周囲から言われ、「四面楚歌」であったようであるが、五島 慶太の
長男で社長の五島 昇は自社による整備に拘り、事業着手と判断を下した。
後に副都心の象徴になる新宿駅西口淀橋浄水場跡地の開発も始まり、その
区画を買い超高層ビル開発に参入する、という投資の選択肢もあったよう
であるが、こちらは諦め、渋谷と二子玉川園、すなわち都心と多摩田園都
市を直結する新玉川線の建設に経営資源を重点的に投入した。まさに「選
択と集中」の極みである。

　ただ、五島は闇雲に突っ走ったのではなかった。事前に十分に国（運輸
省）ともコミュニケーションを取り、事業・投資リスクを軽減する術を講
じた。後に「P線（P＝民間＝Private）」と呼ばれる日本鉄道建設公団（通
称「鉄建公団」）活用制度である。当時の投資リスクの元凶の1つは今では
考えられない高金利であった。一般的に、高度経済成長を果たしている国
では、現時点でのとある金銭価値が1年後には目減りしている、いわゆる
割引率（＝金利）が高く、わが国でも年7、8％は当たり前、という時代で
あった。このリスクを回避するため、施設は鉄建公団が整備した上で鉄道
事業者に譲渡、譲渡価格に係わる金利5％超の部分については国が利子補
給（＝公的助成投入）、譲渡後25年で元利均等半年賦建設費償還という枠
組みである。単純に考えると727億円になった建設費を25年で償還する
ために、東急は25年間にわたり毎年30億円弱の金額を鉄建公団に支払っ
ていたことになる。P線方式は京王相模原線ならびに小田急多摩線による
多摩ニュータウンアクセス、北総線による千葉ニュータウンアクセスの他、
都心乗り入れ地下鉄（西武有楽町線、京王新線）や複々線化（東武伊勢崎
線・東上線、小田急線）などさまざまなプロジェクトに活用された。

　渋谷から二子玉川園までわずか9kmあまりの短い区間であるが、直結ルートとして重要な役割を果たすことになる新しい「玉電＝玉川線」すなわち「新玉川線」として1977年に開業した。当初は渋谷方面から来た電車が二子玉川園にて折り返し運転をしていたが、2年後の1979年には田園都市線方面から半蔵門線方面への直通運転が始まり、大井町〜二子玉川園間は「大井町線」の呼称が復活した。新玉川線の1年後の1978年に渋谷〜青山一丁目が開業した半蔵門線は、永田町（1979年）、半蔵門（1982年）、三越前（1989年）、水天宮前（1990年）と徐々に都心方向に延伸、2003年には押上にまで到達し東武伊勢崎線とも相互直通運転が始まる。新玉川線開業時の東急の運賃基盤はかなり高まっていたが、それでも年間330億円程度（1977年度）で30億円の建設費償還の負担は必ずしも軽くはなく、結果、新玉川線区間においては加算運賃制度が適用された。

　ある時期、多摩田園都市から渋谷に至るルートとして、最短の新玉川線経由よりも大井町線と東横線を介し自由が丘を経た方が安い、という時代があったことを記憶されている人も少なくないのではないか。その後、東急電鉄全体のネットワークで得られる運賃水準増もあり、新玉川線建設費償還負担感は徐々に減少、償還終了（2002年）2年前の2000年には加算運賃も終わり、「新玉川線」という呼称もなくなり、渋谷〜多摩田園都市に至る鉄道が「田園都市線」と呼ばれるようになっている。

　それにしても、新玉川線は先人たちの先見の明や創造性に溢れている。まずは20m車両の10両編成が停まることができるプラットフォームである。元々、16m車両6両の銀座線が延びることでは急増する多摩田園都市人口を見るに輸送力的に難しいであろうと考え、もう1本、11号線という地下鉄をつくろう、ということになったが、これを20m車両10両とした。「明らかに過剰な設備」と言われたようだが、後になって「つくっておいてよかった」と評価されるようになった。また、前例のない施設として、地下鉄としては初めての急行待避（追い抜き）施設を桜新町に設けた。これにより郊外から都心に至る高速での急行運転が可能となり、輸送サービスや沿線価値向上に大きく貢献している。起終点を除く中間の駅数は玉電の13から新玉川線の5（池尻大橋、三軒茶屋、駒沢大学、桜新町、用賀）と大きく減らし、その結果、この区間は地域に密着したというよりも多摩田

園都市と渋谷を繋ぐための路線としての色合いが濃くなり、地域の足は多くの路線が渋谷にまで至るバス網により担われるようになった。

　工事費削減にも工夫が凝らされた。駅数を絞ったことも1つであるが、三軒茶屋駅付近における開削工事区間では、ほぼ同時期に建設することになった首都高速道路と一体構造物とした。基礎工事費を鉄道と道路の2つの事業でシェアすることができ、コストダウンになった。新玉川線を自社負担で建設するという経営判断は、五島 昇＝東急にとって「伸るか反るか」の一大決心であった。振り返ってみると、半蔵門線が二子玉川まで延びていたこと、たとえば、有楽町線が和光市まで延びているが、これと同じようなネットワークとなっていたことも十分に「あり得た」シナリオであった。ただ、渋谷から多摩田園都市までの沿線型TODを考えた場合、その中心を貫く鉄道運営が、沿線まちづくりを担う主体と同じブランドで統一されている方が、単に機能として鉄道が繋がっているだけよりも、高水準での相乗効果が発揮できているのは明らかであろう。新玉川線はこの都市構造を創り出す上での最大のキープロジェクトであった。

1.3.3　鉄道の位置づけ：民間ビジネス

　そもそも近代鉄道の元祖は今から200年以上も前、1814年、英国の技術者ジョージ・スティーブンソンが蒸気機関車を発明したことに始まる。この技術を事業として活用できるまで約10年、英国（1825年）、米国（1827年）、フランス（1832年）、ドイツ（1835年）と欧米諸国で次々と鉄道が開業していった。わが国では1868年の明治維新後、殖産興業政策が推し進められたが、鉄道については伊藤 博文や大隈 重信の後押し、ならびに英国からの技術移転もあり1872年に新橋～横浜間が開業した。

　19世紀には、この横浜までの路線を静岡まで延ばした他、上野～高崎、大宮～宇都宮、大船～横須賀、新宿～八王子といった区間など全国において、渋沢 栄一をはじめとした民間投資家の支援もあり次々と開業していった。一方では、軍事的な役割も高い鉄道運営を民間に委ねることはいかがなものか、という意見や日露戦争（1904～1905年）後の景気後退による経営悪化もあり、1906年に鉄道国有化法が公布、現在のJR中央線の一部

に相当する甲武鉄道をはじめとする多くの幹線鉄道が国有化されることとなる。

　幹線鉄道国有化の流れはあったものの、20世紀になると民間事業としての鉄道の比重が再び高くなる。19世紀末、西武（当時は川越鉄道）の国分寺〜久米川（1894年）、東武の北千住〜久喜（1899年）、京急（当時は大師電気鉄道）の川崎〜大師が開業した。1911年の中央線（当時は甲武鉄道）の昌平橋までの区間が完成した後、東京圏では国による整備が一段落したが、これに対し、民間による鉄道建設はむしろ活発化した。

　特に1940年頃までの間に、池袋〜坂戸町、池袋〜飯能、高田馬場〜東村山、新宿追分〜東八王子、渋谷〜吉祥寺、新宿〜小田原、相模大野〜片瀬江ノ島、目黒〜蒲田、五反田〜蒲田、渋谷〜高島、大井町〜二子玉川園、高輪〜湘南逗子、押上〜成田、横浜〜厚木などが開業し、東武、西武、京王、小田急、東急、京急、京成、相鉄といった関東大手民鉄8社の基本的ネットワークはでき上がってくることになる。自家用車があまり普及していないこの時期にこれだけの鉄道ができ上がっていたということは、自然と人々の生活が鉄道をはじめとした公共交通の上に成り立っていたということが想像できる。

　鉄道の整備と運営が民主導型で行われていた戦前、多くの企業合併があった。今風に言うと、ベンチャーのM&Aが活発に行われたとでも表現できようか。それだけ、鉄道ならびに関連するまちづくり事業が起業家の挑戦する領域であったのであろう。たとえば、伊勢崎線などを運営する東武と東上鉄道の合併が1920年であったが、最も活発だったのは盧溝橋事件により日中戦争が始まった1937年からの「戦時」であった。時系列に並べると以下のようになる（図1.7）。

・1938年：玉川電気鉄道→東京横浜電鉄（玉電が東京横浜電鉄に吸収）
・1939年：東京横浜電鉄→目黒蒲田電鉄
・1940年：多摩湖鉄道→西武鉄道
・1940年：帝都電鉄→小田原急行鉄道
・1941年：湘南電気鉄道→京浜電気鉄道
・1943年：神中鉄道→相模鉄道
・1944年：武蔵野鉄道→西武鉄道

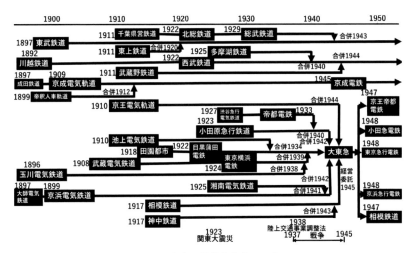

図1.7　東京圏鉄道事業者の歴史

　戦時体制が色濃くなった1938年には、鉄道・バス会社の整理統合を進める「陸上交通事業調整法」が制定された。背景としては、戦時という非常事態もあり、交通事業者の乱立が経営悪化とサービス低下を招いている、という問題認識であった。

　1945年には京王、小田急、東急、京急、相鉄の5社が合わさり、いわゆる「大東急」が形成されることとなる（相鉄は経営委託）。これにより、東京南西部全て、地図を見ると都心から左下の広域をカバーする鉄道ネットワークを運営する巨大な民鉄ができてしまった。

　試みにこの5社の株式時価総額（2023年11月）を足してみると3.1兆円になり、JR東日本（3兆円）、三菱地所（2.6兆円）、三井不動産（3.1兆円）に匹敵する大企業であったことがわかるが、裏を返せば、当時の鉄道経営が「戦争」という時代の影響を大きく受け厳しい状況であったこともうかがえる。

　戦後の1947年、財閥解体の一環として大東急は元の京王、小田急、東急、京急、相鉄に戻った。ただ、戦前は小田急の一路線になっていた井の頭線は、京王の傘下になり「京王帝都電鉄」という社名になった（1998年に「京王電鉄」に改称）。

1.3.4　鉄道の位置づけ：公共インフラ

　戦後活発化したのは、都心部の地下鉄整備である。戦前は唯一銀座線（渋谷～浅草間）のみで民間、すなわち渋谷～新橋間をつくり運営した五島 慶太の東京高速鉄道と新橋～浅草間の早川 徳次率いる東京地下鉄道の2社である。戦後は営団地下鉄や東京都交通局に代表される公的セクターが大都市地下鉄整備を担った。東京では1954年の丸ノ内線開業後、都営浅草線、日比谷線、東西線、都営三田線、千代田線、有楽町線、半蔵門線と次々と新しい地下鉄がつくられた。世界の先進国大都市と比較したわが国の特徴は、国や地方自治体主導型でできた地下鉄と郊外の民鉄が繋がり、直通運転サービスが提供されていることにある。このためには、車両サイズ、編成両数、軌間、電圧、信号等々さまざまな技術的諸元について統一、ならびに日々の運営にあたってのルールを取り決める調整がされなければならず、それができているということは、わが国TODの強みである。

　都心部地下鉄と同様、高度経済成長期における大都市交通政策の課題は開発が急速に進展した郊外住宅地・ニュータウンへのアクセス確保であった。先述の東急田園都市線、京王相模原線、小田急多摩線、北総線の他、JR根岸線や相鉄いずみ野線もニュータウン開発と付帯した鉄道としての性格を持つ。郊外住宅地に住んだ人々の多くは都心部のオフィスワーカーで、毎朝ほぼ決まった時間に電車で通勤するということになると、深刻化したのが列車の混雑である。ちなみに1965年、と言えば多摩田園都市をはじめとした郊外ニュータウン開発が端緒についたばかりの頃だが、主要な路線の鉄道混雑率は以下の通りであった（カッコ内は2022年度）。

・東武伊勢崎線　　小菅→北千住　　　220%（127%）
・東上線　　　　　北池袋→池袋　　　262%（106%）
・西武池袋線　　　椎名町→池袋　　　244%（116%）
・新宿線　　　　　下落合→高田馬場　247%（123%）
・京王線　　　　　下高井戸→明大前　232%（129%）
・井の頭線　　　　池ノ上→駒場東大前204%（111%）
・小田急小田原線　世田谷代田→下北沢231%（128%）
・東急東横線　　　祐天寺→中目黒　　230%（118%）

　この混雑を改善するために、東武伊勢崎線、東上線、西武池袋線、小田急線、東急東横線では大規模な複々線化工事も行われた。遅れて開業した田園都市線も例外ではない。1980 年における池尻大橋→渋谷の混雑率は 231％になり、殺人的な朝のラッシュは多摩田園都市のブランド価値を毀損するという問題意識も高まり、東横線とともに東急は大規模投資による抜本的な混雑緩和・輸送力増強に乗り出すことになった。東急の特徴は、用地買収の伴う複々線区間を最小限に留め、既存のネットワークを活用・改良することで都心アクセスのもう 1 つのルートを提供したことにある。

　東横線では、目蒲線の目黒～多摩川（当時は多摩川園）が「もう 1 つのルート」としての役割を担う。目蒲線は東急創立時からの長い歴史を持ち、3 両編成の全各駅停車の列車が行き交う地域密着型の「都市型ローカル線」とでも言える路線だが、多摩川で目黒線と多摩川線に分断、目黒～多摩川間については 8 両編成で急緩運転ができるようにホーム延伸他設備をグレードアップ、武蔵小山駅では立体交差事業とも組み合わせ、線路の地下化と同時に急行との接続が可能なように 2 面 4 線化の立派な駅へと変身する。

　目黒線は多摩川から日吉まで延伸（ということは、この間の東横線を複々線化）、さらには鉄道運輸機構（前の日本鉄道建設公団）が整備する神奈川東部方面線を介して、新横浜、そして、相鉄線方面まで直通運転することとなった（2023 年 3 月開業）。目黒からは新設された東京メトロ南北線、三田を経由して都営三田線とも直通し、さらに、南北線の先は埼玉高速鉄道で 2002 年サッカー W 杯の会場にもなった埼玉スタジアムのある浦和美園（その先岩槻や蓮田への延伸構想も）へと、東横線の輸送力増強と同時に、広域鉄道ネットワークにおける「軸」の役割も果たしている。

1.3.5　鉄道整備から駅を中心としたまちづくり

　田園都市線の場合、大井町線がその補完的な役割を担う。二子玉川から溝の口まで約 3km を複々線化、すなわち大井町線を溝の口まで延伸するとともに、既設線内では上野毛と旗の台に急行待避施設を新設、急行停車駅（自由が丘、大岡山、旗の台、大井町）では 7 両ホーム化した。東横線や田園都市線をはじめとした複々線化に代表される輸送力増強事業には、特定

都市鉄道整備積立金制度（通称「特特制度」）が適用された。特特制度とは、鉄道事業者に一定幅の値上げを認め、追加利益の分を非課税積立金として工事費に充当する仕組みである。これにより工事期間中発生する建設会社への出来高払いによるキャッシュフローの負担が軽減され、債務の過大な増加なしでの事業推進が可能となる。積立金の期間はほぼ工事期間に相当するであろう10年とし、竣工・開業と同時に取り崩しを始める。これは運賃値下げ要因になるので、竣工と同時に値上げ要因として原価に繰り入れられる減価償却費と相殺され、結果的に運賃水準の平準化を目指した。

　田園都市線では1995年から積立が始まった。対象となった部分の工事費は合わせて1,900億円である。この他にも特特制度は東武伊勢崎線、東上線、野田線、西武池袋線、京王線、小田急線にも適用された。「補助金」ではないが、地域独占性の高い鉄道という業種の特殊性を生かし、運賃を上手に活用することにより公的な支出なくして、TOD視点で最大社会課題であった朝ラッシュ時の混雑緩和施策を官民連携で立案、実施した好例である。

　東急の鉄道ネットワーク整備・輸送力増強事業においては、路線が結節するいくつかの駅で路線別ホームであったものを、方向別ホームへと入れ替えた。たとえば、田園調布駅においては、多摩川台地区開発の時代より東横線と目蒲線のホームが路線別に並んでおり、東横線の横浜方面から来た人の目蒲線への乗り換えが一旦跨線橋を超えなければならず不便であった。これを抜本的に改善すべく、全体を地下化、ホームは路線別ではなく、都心方向と郊外方向として、乗り換えは同じホームで反対側に行けば良い、という利便性の優れた形態へと変更した。大岡山における目黒線と大井町線の関係も同じで、地下化＆方向別ホームになった。

　二子玉川では縦断方向に大きな変化なく、内側と外側の線路を入れ替える工事を行った。元々渋谷から路面電車「玉電」が走っていて、多摩田園都市開発に伴い田園都市線の初期は大井町始発となっており、玉電を廃止し、渋谷や都心直結のための「新玉川線」という高速地下鉄を新設、本線としての機能を担うようになった経緯があったためであるが、利便性・ネットワーク効果を高めるために必須である。周辺が建て混む市街地において鉄道を営業しながら複雑な切り替え施工手順を踏む難工事であったが、既に

　田園調布や大岡山、さらに、池上線荏原中延付近や東横線菊名駅付近立体交差工事での当夜切り替えで実績のあった、クレーン、ジャッキ、チェーンなどによる工事桁移動、土木だけでなく、保線、電路、信号など多様な工種の作業マネジメントといった施工ノウハウ（"STRUM：Shifting Tracks Right-Upper Methodの略"と命名）が生かされ、2001年に完成した。

　ここで着目しなければならないのは、鉄道プロジェクトは、基本的には鉄道の混雑緩和や利便性向上を目的としたものであるが、合わせて、駅の拠点性を高め、まちづくりにも大きなインパクトを与えた、ということにある。線路の地下化や高架化により、鉄道で分断されていた街の一体感が高まった。大岡山では高齢者が渡り切れないと安全上の課題も指摘されていた駅前の大踏切が解消、駅横にあった東急病院が駅上へと移転・建て替え、病院跡地に高齢者施設（東急ウェリナ）の新設、駅前に正門があり街のシンボルである東工大関連施設ならびに東急ストアの線路上空への進出など街が一気に刷新された。田園調布では駅西側の高級住宅地と東側の庶民的な商店街との交流が高まった。新設された駅前の歩行者広場を活用したイベントや旧駅舎デザイン建物の会議室により会合の機会が多くなったことによるものである。「広域」便益を目指した交通インフラ投資がローカルコミュニティ育成にも資することを証明する駅デザインである。

　戦後の郊外鉄道は、田園都市線のような踏切ゼロ路線もあるが、戦前に敷設された郊外鉄道は基本的に地表レベルを走り、駅近辺で地域の分断要素となっているところも少なくない。踏切解消を目的とした立体交差事業も進められてきてはいるが、何十年もの分断があったことより、駅に東と西（あるいは、北と南）でストリートは一本で繋がってはいるものの、鉄道を境にして別の商店街組織なのが一般的である。元住吉も例外ではない。車庫からの入出庫線により駅横に4線分の大踏切があったが、複々線化（＝目黒線の延伸）に伴い線路は高架化され、両側の街の一体感が高まった。商店街も東側に「オズ」、西側に「ブレーメン」と別の呼称と組織であるが、線路の立体化後は一緒にイベントを開催する関係になっている。

　このように、鉄道関連投資をいかにして地域の成長やシビックプライド（わが街への誇り）醸成へと繋げていくのか、という発想が持続可能な「サステナブル」なまちづくりという観点で重要となってくる。

1.4　ターミナル・拠点型まちづくり：渋谷の台頭

　TODの主要構成要素である「田園都市」と鉄道について概観した。当初のTOD 1.0ならびに続く2.0では「職」と「住」は分離し、多摩田園都市は住機能に特化している。ここでは、田園都市線軸のもう1つの端で商業・業務の集積として発展してきた渋谷のまちづくりについて述べる。

1.4.1　「副都心」型拠点の形成

　東京の鉄道ネットワークは、山手線という環状鉄道が都心ならびに縁辺部を廻り、その上にいくつか郊外からの鉄道が集結するターミナルがあり、ターミナル駅周辺の都市開発・高度利用が進んでいる。たとえば、ロンドンも東京と同様の鉄道ネットワーク形状をしていて、都心にサークルラインという環状地下鉄があり（概ね東西は山手線と同距離、南北は1/3くらい）、その上に、パディントン、ユーストン、キングスクロス、リバプールストリート、ヴィクトリアといったターミナル駅がある。

　しかしながら、これらの周辺はたとえば、キングスクロス駅隣接の鉄道敷地跡地における大規模開発があるものの、新宿と比較すると高度・高密利用されているわけでもなく、渋谷のスクランブル交差点のように大量の人々が群れをなして街中を動いているという印象も薄い。ロンドンの中心と言えば1つは金融街シティ、もう1つはピカデリーサーカスやレタースクエア界隈の盛り場ウェストエンドであって、必ずしもターミナル駅には隣接していない。同じようにニューヨークもターミナル駅グランドセントラルから街の中心であるウォールストリートやブロードウェイまでそれなりの距離がある。

　東京では通称「副都心」と呼ばれる池袋、新宿、渋谷において特に民鉄が集中しており、これらTOD事業者による商業をはじめとする関連事業投資、ならびに、このような立地に魅力を感じて参入する多様な業種業態の事業所（特に路面店）により、大規模ビルと歩いて楽しいストリートの組み合わせで、駅だけではなく周辺も含めて強い集客力を発揮している。ル・コルビジェとジェイン・ジェイコブス両者の特徴を合わせ持つ街である。

　歴史を振り返ろう。元々山手線は「環状」の鉄道をつくろうとしたものではなく、19世紀末、東海道線方面から東北線方面に東京の西側をバイパスするルートで結ぼうとしたもので、新宿と渋谷は1885年、池袋は1903年に開業した。新宿には1889年に甲武鉄道（今の中央線）も乗り入れ交通結節点となった。その後、玉電（1907年）、東上線（1914年）、武蔵野鉄道（今の西武池袋線、1915年）、京王線（1915年）、小田急線（1927年）、東横線（1927年）、井の頭線（1933年）と次々と郊外からの民鉄線が開業する。1925年には山手線の環状運転も開始し、今の鉄道網の骨格ができた。

　ターミナルが単なる鉄道の駅ではなく「街」となるきっかけは、駅の上や隣接・近接する形で建てられていった百貨店の存在である。元々、民鉄によるターミナル型百貨店は阪急の創始者小林一三が1929年、梅田で始めた。この成功事例を倣いこの「新規事業」は各所で展開される。東京では1931年の浅草松屋が最初の事例となるが、民鉄による直営店の第一号は渋谷の東横百貨店である（1933年）。これに先駆け、「老舗」とも言える事業者の店舗は既に新宿に進出しており、1929年には三越が、1933年には伊勢丹が相次いで開業、駅から東に向けた賑わいのある街づくりに貢献する。その後、池袋西武（1952年）、池袋東武（1962年）、新宿小田急（1962年）、新宿京王（1964年）と相次いで駅型百貨店ができ上がり、副都心3駅についてはいずれも「百貨店の牙城」とも見える高度利用の佇まいになった。ロンドンのターミナル駅とはここが決定的に違う。

　1965年に新宿駅西口にあった淀橋浄水場が東村山に移転、跡地を超高層ビル群化する、いわゆる「副都心」整備の事業が本格化する。1971年に京王プラザホテルが開業、その後、次々とオフィスを主用途とする超高層ビルがつくられた。その集大成が1991年に有楽町から移ってきた東京都庁である。東京の業務中心は必ずしも大手町や丸の内のような「都心」と言える限られたエリア一辺倒ではなく、概ね山手線がカバーする地域全体的に広がった。デベロッパー的視点では、オフィス市場が都市部から周縁部へ滲み出すという感覚を持つようになる。そして、池袋、新宿、渋谷の3副都心の位置づけを飛躍的に向上させたのは、この3つの街を貫く鉄道整備である。JR埼京線が1986年に新宿まで開業、1996年には渋谷を経由し恵比寿まで延び、2002年にはりんかい線との直通運転も始まった。

　合わせてJRは湘南新宿ラインが2001年に開業し、それまで、東京駅を中心とする東側がJR広域サービスの起点であったが、東西のバランスが取られるようになった。また、東京メトロ副都心線が2008年に開業、東武東上線、西武池袋線、東急東横線、横浜高速みなとみらい線と5線を貫く相互直通運転が始まった。これらにより、埼玉方面から東京西側3副都心を経由し神奈川訪問に至る強力な南北「鉄道軸」が形成され、池袋、新宿、渋谷の街の事業者視点からは、「集客力」が格段に向上した。

1.4.2　渋谷の台頭

　副都心線の整備は渋谷の街づくりに大きな影響をもたらした。相互直通運転のため、元々2Fレベルにあった東横線渋谷駅を地下に移設、跡地活用をきっかけとした100年に一度とも言えるターミナルの大改造が始まった。

　そもそも渋谷の起源は、鎌倉時代、幕府御家人が有事に「いざ鎌倉」と馳せ参じた鎌倉街道にある。鎌倉街道には上信州から至る上道、白河席・下野国府から至る中道、奥州から常陸国府を経て至る下道などあるが、渋谷には中道が通っていた。表参道駅から青山学院大学、並木橋交差点を経て八幡通りを代官山方面へというルートである。源 頼朝による鎌倉幕府の開設は1192年なので、800年あまりも前から渋谷には人の往還、交流があった。当時既に渋谷城を築き後の渋谷氏の祖となった河崎 基家（渋谷 重家）により創建され（1092年）、今でも例大祭には渋谷中の神輿がSHIBUYA109前に集まる渋谷最大の祭りの中心になる金王八幡宮はあった。

　室町・戦国時代において関東は、京都から見た「辺境の地」であったが、1603年、徳川 家康が江戸幕府を開設後、今の東京の原点として江戸は政治と経済中心の大都市として急成長を果たすことになる。この時代に渋谷のまちづくりに影響を与えたのが、五穀豊穣や雨乞いといった農民からの信仰対象であった阿夫利神社のある丹沢大山への参拝や、玉川への遊覧目的で往来する大山街道である。渋谷界隈は今からは想像もできないが、米、大麦、小麦、蕎麦、とうもろこし、さとうきび、スイカといった多様な特産品による食料生産地であった。明治中頃になると畜産業や桑・茶栽培も盛んになり、松濤はお茶の名産地で、多くの牧場もあり畜産業も盛んで、渋

谷川にあった水車活用により農産物の生産とともに集積・加工地であった。渋谷川と大山街道は今の渋谷駅付近で交差するが、人の往来・交流、産業振興により、宮益坂や道玄坂に賑わいが生まれた。

　1885年に日本鉄道（その後の国鉄・JR）渋谷駅が品川線西側ルートの1駅として開業する。山手線としての環状運転は1925年からだが、この頃から農地や牧場の宅地転用が進む。郊外からの鉄軌道の第1号としては、1907年に玉川電気鉄道が、当初は主として多摩川の砂利を二子玉川から渋谷まで運搬する物流を主目的として、その後、旅客輸送が主体となる形で整備され、2年後の1909年には手狭になった青山練兵場が現在の代々木公園のところに陸軍代々木練兵場として移転してくる。円山町の花街が発展するなど、渋谷が「街」として成長するきっかけである。さらに、東横線（1926年）、井の頭線（1933年）、銀座線（1938年）と相次いで鉄道が開業し、渋谷駅は交通結節点・ターミナル拠点としての様相を呈してくる。

　1912年に崩御された明治天皇を祀る神社として明治神宮が建立されることとなり、1920年に鎮座祭が行われた。これを主導したのも「田園都市」提唱者の渋沢 栄一であった。100年後、ある種の驚きとともに讃えられるのは、神社とともにこれを取り巻く鎮守の杜、73haにも及ぶかつての「原野」とでも言える広大な何もない一帯に人工的に多様性を意識した植林を行うことにより、大都市東京の中で多世代にもわたり潤いを提供する自然空間を創ったことにある。一見すると原生林にも見えるが、実は人工的につくられたものである。次の世代に何を残すのか、サステナブルなまちづくりとは、という議論が高まる今日、参考とすべき1つの事例と言えよう。

　鉄道同士の結節点としてだけではなく、駅周辺の高度利用が進んでいることがわが国のTODの特徴である。渋谷では1934年に東横百貨店（後の東急百貨店東横店東館）が、1956年には東急文化会館が開業した。東横百貨店は1931年の東武浅草駅直上の松屋に次ぐ東京での第二弾のターミナル型百貨店で、東急電鉄創始者五島 慶太主導による取り組みであった。東急文化会館は渋谷小学校跡地に建てられたもので、商業施設としての百貨店とは一線を画する形で映画館、結婚式場、プラネタリウムなど文化的色彩も強い複合施設である。百貨店の屋上には遊園地やロープウェイ「ひばり号」（1951～53の2年間）もあって、単に買い物だけではなく、家族や

友人と一緒に休日の一日を楽しめるコト消費の場であった（図1.8）。

　渋谷だけでなく新宿や池袋にもターミナル駅直結型の商業施設がつくられてきたが、共通点は駅で電車を降りると自然と百貨店に「吸い込まれる」構造になっていることに加え、それなりの広さのワンフロア面積を持ち、物販だけでなく高層フロアの非日常的な空間で、少し贅沢な料理を楽しめる飲食店があること、地下では日常的な生鮮・惣菜が購入できること、先に述べた屋上遊園地にある。都心に勤め、郊外に住み、鉄道で通勤、休みの日には家族で副都心ターミナルの百貨店で近所の商店街にはないものを買い、合わせて家族で食事、映画館や遊園地に寄ることもできる、大都市の豊かな生活スタイルを提案・提供したTOD事業者の貢献と言える。

図1.8　渋谷駅と東横百貨店・文化会館・東急本社（1960年頃）
（写真提供：東急株式会社）

　1954年1月27日、東急不動産株式会社の創立にあたり、東急電鉄社長の五島 慶太は渋谷開発について演説、東急会館（東横店西館）の増改築（5F以上、4千坪→13千坪）の他、区画整理、道路拡張、渋谷地下街、バスターミナルなどを提唱する。多摩田園都市開発の基本ビジョン「城西南地区開発趣意書」公表の翌年、単純に営利を目的とした民間事業だけではなくまちづくりを通じて地域社会に貢献していくという使命感・矜持が滲み出ている。東急会館は戦時の鉄骨など建設資材不足のため銀座線ホーム

のある3F建てであったが、これを10Fへと高層化することとなり、東館から西館へと結んでいたロープウェイ「ひばり号」は撤去されることとなった。また、合わせて渋谷地下街の整備により、1946年の渋谷事件（暴力団と在日台湾人の抗争：死者7名、重軽傷者34名）の遠因とも言われ、まちづくりの課題として認識されていた露天商をGHQが退去させ収容したことがきっかけで、都市計画家石川 栄耀による震災復興ならびにその後の戦災復興計画の中で進められる駅前広場（ハチ公広場）整備へと繋がる。

1.4.3　歩いて楽しい若者の街渋谷：サブカルチャーの拠点へ

　1958年、都心からの業務など諸機能分散を目的に、池袋、新宿とともに渋谷は「副都心」と指定を受けた。郊外からの鉄道路線が集結し、駅周辺の高度利用が卓越していたためだが、渋谷の特徴は駅周辺だけでなく歩いて楽しい街になっていることにある。このようなまちづくりへのきっかけになったのが、1964年の東京五輪時に国際放送センターが必要とされていて、NHKが内幸町から渋谷駅北西約1kmの元軍施設、戦後代々木公園の一部で駐日米軍住宅「ワシントンハイツ」跡地への移転であった。戦前は代々木練兵場であった。東京五輪関連では、この他にも渋谷公会堂、首都高速道路、国道246号整備もあって、渋谷の都市基盤が整備された。

　NHKの本格的移転は五輪後、1965〜73年であったが、これにより街中を回遊する人々が大きく増えることになる。これを新たなビジネスチャンス到来として実感したのは元々渋谷をTODの拠点としていた東急に加え、西武（パルコ）、丸井といった商業事業者であった。東急プラザ渋谷（1965年）、東急百貨店本店（1967年）、西武百貨店（1968年）、丸井渋谷ショッピングビル（1971年）、渋谷パルコ（1973年）、東急ハンズ渋谷店（1978年）、ファッションコミュニティ109（現SHIBUYA109、1979年）、1960〜1970年代にかけてさまざまな商業施設が開業した。

　当時、渋谷の商業は東急vs西武の対決、と盛り上がった時代であった。一社が市場を独占するのではなく、異なる資本が切磋琢磨しながら競うことにより街が発展する好例である。この頃から渋谷は多くの若い世代を集める「若者の街」としての様相を呈するようになってきた。1970年頃まで

は若者が集まる街と言えば新宿であったが、1973年の渋谷パルコ開業あたりから「若者の街」と言えば渋谷、と言われるようになった。「サブカルチャー」という言葉が出てきたのがこの時期である。元々、「メインカルチャー」、すなわち社会の支配的な文化に対して、メインではないが際立った存在感やアイデンティティを発揮するマイノリティ文化を指していたものであったが、渋谷や、この後1980年代に竹下通りをはじめ若者の集客力を高めた原宿を含めたエリア一帯の文化を表現する言葉になった。

　商業の業態開発が活発であったのもこの時期であった。元々、ワシントンハイツの住民であった米国人相手の個性的なテイストを持つ店舗が原宿駅界隈にあったこともあるが、この独特な街文化を「心地良い」と感じ起業するファッションデザイナーが集まり、同時に、パルコや丸井の他、青山ベルコモンズ（1976年）、ラフォーレ原宿（1978年）といったファッションビルが街のランドマークとなってくる。渋谷（と原宿・青山）と言えばファッションという時代であった。「カリスマ店員」により存在感を発揮したSHIBUYA109もその潮流の一環である。そして、渋谷の商業はファッションばかりではなく、東急ハンズはその代表である。何故かリテールとは無縁の東急不動産が運営するこの商業施設は、不動産事業付帯の単なるホームセンターではなく、新しいライフスタイル提案を基本コンセプトとして宇田川町奥にある渋谷店は藤沢、二子玉川に次ぐ3店目の出店であった。多様な品揃えによるワクワク感のある雰囲気、さまざまなニーズに応えるプロフェッショナル店舗スタッフ、そして、歩いて楽しめるスキップフロア建物の設計思想・デザインが渋谷の街が持つ界隈性ともマッチし、集客拠点となる。1987年には西武百貨店が隣接地に同様な業態の「ロフト」を開店、雑貨も渋谷の商業を語る上での主要なアイテムになった。

　若者にとって当時の渋谷の魅力は比較的安全であったこと、大型商業施設だけではなく、面白くファッショナブルな個店が連なるストリートが網の目のように張り巡らされていて、歩いて楽しい回遊性を売り物とする街として演出されていることであった。渋谷駅から公園通りの坂を上がりパルコに、スペイン坂を下りて109に、途中ハンズに寄っても良いし、代々木公園や原宿駅も遠くはない、休日の楽しいひと時を友達や恋人と過ごせるような街全体で盛り上がる仕掛けがあった。

　果たしてこれらのお洒落で賑わいのあるストリートはどのようにしてでき上がってきたのだろうか？もちろん、NHKのような大型施設ができ、これらを目指す人の流れを「顧客」と感じる事業者が出店したことによるのだが、その「需要」を新たな事業機会としてとらえて上手に生かし「まちづくり」へと導くマネジメントができていた。たとえば、スペイン坂は「スペイン」をコンセプトとしたストリートを地域主導型でつくっていこうという取り組みの結果でき上がった。渋谷には「地域力」ポテンシャルがあった。また、109、丸井、東急本店、東急ハンズ、宇田川町交番のようにY字路に位置して道行く人々の目を引く建築物がいくつかあり、この「ヴィスタ」的立地条件を生かした「アイストップ」により、今で言う「インスタ映え」する景観を以て情報発信できる街構造上の特徴もある（図1.9）。

図1.9　SHIBUYA 109

　冒頭でル・コルビジェとジェイン・ジェイコブスの対比をしたが、渋谷はこの2つの要素が混在し相乗効果を発揮できる素養があると言える。「若者の街」としての爆発的な集客力で一世風靡した渋谷だが、一方で、多くの若者が集まることによるトラブル、ネガティブな側面も目立つようになった。その代表が1980年代後半から1990年代、さらに、2000年代前半にわたり渋谷センター街や公園通りを中心に集まっていた「チーマー」である。

　元々は地元や名門付属中高生の富裕層グループで、アメカジ（アメリカンカジュアル、後に「渋カジ」とも呼ばれる：シンプルで飽きのこない定番アイテムを品よく着こなす）ファッションに身を包み、やんちゃな少年たちのサークルであって、当初は問題ではなかったが、徐々にその範囲を拡大、暴走族に入るような不良も入ってくるようになり、風紀も悪化した。ピークであった1990年代前半、深夜のセンター街はこのチーマーに占拠され、パーティー券の押し売り、一般人への喧嘩（○○狩り、たとえば、当時流行っていたスニーカー「エアマックス」を履いた人々への恐喝行為）、果てはグループ間の抗争とトラブルも頻発、深夜営業を取りやめる店が続出してくる状況を重く見た地元は警察とも連携する形で独自に見回りも強化する。2002年には「パトロール隊」が組織化されることになり、チーマーだけでなく、違法テレホンカード販売や露天商も取り締まり、街の治安維持・向上に大きく貢献した。行き過ぎた行為により社会問題化し「退場」してしまったが、チーマー、渋カジは若者のエネルギーを惹きつけ、創造し、行動することを促す渋谷の街オリジナルな特徴である。

　街の変化は続く。1990年代中頃以降、今度は女性が主役となり、コギャル、ガングロ、ヤマンバといった渋谷独自のファッション文化が発信された。当時の人気歌手安室 奈美恵に憧れる女子中高生がルーズソックスや厚底ブーツを身にまとい、渋谷へと出かけてくるようになった。日焼けサロンで顔を真っ黒に焼き、髪は逆に山姥のように白く染め、目や口を際立たせるメイクの女子たちが渋谷のストリートを闊歩していたのは2000年代初期のことである。この時期、街の中心的な役割を担っていたのは、全国各地からやって来る少女たちへの的確なファッションアドバイスで名を馳せる「カリスマ店員」がいる通称「マルキュー」こと109であった。道玄坂の三差路に建てられたシンボリックなデザインの建物の商業施設名称の謂れは、109→トーキュー→東急だが、営業時間が朝10時から夜9時まで、店舗数109ということもあったようだ。30年あまり後、2018年には安室 奈美恵引退展示がヒカリエホールであって多くのファンを集客したが、SHIBUYA109には本人のものと同サイズの手形を設置、さらに、街中のフラッグ掲出や東横線発車ベルなど街を挙げてのイベントとしても盛り上がり、渋谷のサブカルチャーが再認識されたことは記憶に新しい。

1.4.4　サブカルチャーからメインカルチャーへ

　若者中心のサブカルチャー的色彩の濃かった渋谷の街文化が、少しずつ変わる。若者が集まることは活気をもたらし良いことであるが、そもそも多額の消費を期待することはできないし、風紀や治安上の課題も発生する。もう少し大人がゆっくり過ごすことできないだろうか？という問題意識が1980年代あたりから芽生えてきた。このような街の変革に向け大きな期待を背負って1989年、東急本店裏の駐車場跡地に開業したのがBunkamuraである。

　当時の東急グループには3つのC、3Cを重点的に進める事業とするという経営戦略があった。3CとはCATV（今のイッツコム）、Card（＝クレジットカード、今のTOPカード）、そして、Culture（文化）である。BunkamuraはこのCultures戦略が具現化したもので、大ホール（オーチャードホール、2,150席）、中ホール（シアターコクーン、747席）、映画館（ル・シネマ）、美術館（ザ・ミュージアム）、カフェ（ドゥマゴパリ）などから成る複合文化施設である（2023年4月から隣接する東急本店再開発に伴い休館中）。開業当初は同時期（1986年）にオープンした六本木サントリーホールとの対比がメディアで取り上げられたが、その後、東急本店との相乗効果や文化村通りをはじめとした周辺の街との繋がりや調和の観点から独自の存在感を発揮するようになってきた。東急ジルベスターコンサートという大晦日の年越しコンサートを1995年から開催している。

　かつて若者ファッションの街であった渋谷が大人のエンタテイメントを売り物にもできるようになった。ただ、渋谷のまちづくりの中にBunkamuraを位置づけたときに、駅から至る動線、具体的には文化村通りをいかに、この施設を訪れる「大人」たちにとっても魅力的で快適なものにできるか、という課題が当時からあり、今も続いている。

　もう1つ渋谷の街文化について言及しなければならないのは「消費」の街というだけではなく、「生産・イノベーション」の街としての側面である。渋谷にはベンチャー企業が多く、「スタートアップの聖地」とも言われている。1980年代頃から桜丘あたりのマンションをオフィスとしても活用する個人営業に近い少人数のたとえば、デザイン業の立地が目立ってはい

たが、この傾向を加速したのは、1990年台以降に激増したITベンチャーである。同じくベンチャーの聖地であった米国シリコンバレーを真似て渋谷＝「ビットバレー」と呼ばれるようになった。ビットバレーとは渋谷の渋＝Bitter、谷＝Valleyを掛け合わせた造語で、当時、渋谷で起業し、その後、急拡大することとなるGMO、サイバーエージェント、DeNAなど経営者の渋谷の街への思いが込められている。

　何故、ITベンチャーが渋谷に多いのか、ということについては諸説あるが、ターミナルとしての交通利便性、情報通信インフラ、若者の街としての活気、交流しやすい街、カジュアルで楽しく「多様性」を受け入れる街の雰囲気あたりがポイントではないか、と言われている。そして、何より渋谷には、若者が新しいことに「挑戦」しようとする姿勢を支援し、意欲をかき立てる「熱量」とでも表現できる空気・雰囲気が溢れている。

　通常、ビジネス街と言えば丸の内や大手町、兜町や虎ノ門も含めスーツとネクタイのビジネスマンが闊歩するのが「常識」かもしれないが、渋谷ではノーネクタイにジャケット、夏はポロシャツというのがむしろ普通で、独特のビジネス街文化になっている。問題は街区形状が不整形で入り組んだ路地が多い街であることより、開発・再開発によりまとまったオフィス床を供給することが困難ということにある。渋谷で起業しても企業としての成長過程での受け皿としてのオフィス床確保が困難な街であった。その結果、たとえば、ユニクロ（ファーストリテイリング東京本部）が蒲田へ（2003年）、グーグルが六本木ヒルズへ（2010年）、アマゾンが目黒へ（2018年）という転出事例もある。ITに限らず、いろいろな業種業態において渋谷で業を起こし成長する会社も多く見られ、渋谷における「生産」、価値を生み出す地域のオフィス床需要を支えている。

　渋谷が「サブカルチャー」から「メインカルチャー」の街へと変わっていったのは世紀の変わり目のあたりである。埼京線（1996年）、湘南新宿ライン（2001年）、副都心線（2008年）といった広く東京圏全域（特に埼玉県と神奈川県）から効率的に集客できる鉄道サービスが提供されたのと並行し、2000年の渋谷マークシティ、2001年のセルリアンタワーと、複合用途の大型開発物件が相次いで開業した。京王井の頭線の駅や高速バスターミナルといった交通インフラ整備とともに建った2棟の高層ビルから

成る渋谷マークシティ、東急本社跡地と周辺も含めた再開発のセルリアンタワー、この両者の共通点は、渋谷になかった、まとまったオフィス床とハイグレードなホテルを供給したこと、そして、街のシンボルとなるランドマーク建築物がそびえ立ったことにある。

渋谷マークシティは京王井の頭線渋谷駅、東京メトロ（当時の営団）銀座線車庫、東急電鉄が所有する旧玉電駅（開発前は路線バスターミナル・ターンテーブルとして利用）の3敷地、14千m²の土地を高度利用した。1994年に工事着手、開業は2000年なので工期は6年、低層棟の上に2棟の高層ビルが乗るという構造でホテルが入る東棟（イースト）が25F、オフィスが入る西棟（ウェスト）が23F、低層部が商業となっている。

このビルを特徴づけるのが、人々を駅から周辺の街へと導く商業床にある。顧客を囲い込み、ビル単体での収益最大化を目指すのではなく、「マークシティモール」というショッピングストリートを通り抜ければ、渋谷独特の坂道を克服、坂の上まで辿り着ける歩行者動線を整備した。開業後、道玄坂上交差点よりもさらに先、神泉町交差点方面や神泉駅、山手通り方面への開発が進み、オフィス就業者が増えるとともに、地域密着型商店街であった神泉駅周辺に新たなマーケット（企業やオフィスワーカー）を対象にした飲食店が相次いで出店してきた。円山町の花町を凌ぐ賑わいの「裏渋谷」と言われる盛り場へと移行し、街の活性化に貢献している。

忘れていけないのは、それまでなかった規模とグレードのホテル、渋谷エクセルホテル東急（408室）を提供したことにある。20世紀後半渋谷のホテルと言えば、東口の東急イン（現東急REI、225室、1979年〜）、公園通りを上がり区役所の手前にある東武ホテル（205室、1975年〜）の2つが代表的であったが、大小合わせて4つの宴会場・会議室を持つ新たなホテル、隣接するオフィス棟の出現は渋谷をビジネス街モードへと押し上げた。この流れは翌年、セルリアンタワー東急ホテル（612室）が開業することにより加速化する。こちらのホテルはエクセルホテルを上回るハイグレードホテルで、「副都心」経済を支えるフラッグシップ機能を担う。また、ビジネスニーズだけでなく能楽堂を持つなど、先に述べたBunkamuraと合わせ、エンタテイメントコンテンツも提供している。

1.4.5　駅ターミナル：100年に一度の大改造へ

　今の渋谷駅周辺は「工事の街」となっているが、100年に一度の大改造とも言われている一大プロジェクトのきっかけは1998年、当時の小渕内閣が公表した緊急経済対策において、小竹向原～新線池袋が整備済であった地下鉄13号線を、運輸政策審議会答申第7号（1985年）で「整備すべき」との位置づけ通りに渋谷まで延伸する、としたことであった。

　合わせて1985年の答申にはなかったものの、かねてより検討は進められていた東横線との相互直通運転することにもなり、2000年の答申第18号に盛り込まれた。既に横浜方ではみなとみらい線との相互直通運転事業が進めていたことに加え渋谷方でも、ということで、鉄道のシンボルとでも言えるターミナル駅はなくなるものの、従来全8両編成であったところが優等列車は10両での運行が可能、輸送力が増強され、混雑緩和になること、新宿、池袋の東京西側の拠点へと直行する。当時既に予定されていた湘南新宿ラインの新規開業により、JRと比較して劣後することが心配されていた東横線の競争力が向上するであろうことを見込んでの判断であった。

　1990年代の東横線は複々線化工事に伴う徐行運転によるサービス低下感もあり、輸送人員の伸び悩みが続き、変革が必要な時期であった。鉄道投資をきっかけにさまざまな課題を抱えていたターミナル駅機能や東横店をはじめとした商業・集客施設の再編成へと導き、ひいては厳しい環境に置かれていた渋谷全体の経済へのカンフル剤になるであろうということも、既に1990年台あるいは、それ以前から議論されていた。東横線の活性化と渋谷の再構築、この2つを意図して13号線（後の副都心線）との相互直通運転のための工事（渋谷～代官山間地下化、優等列車停車駅ホーム延伸他）を、複々線化など輸送力増強工事に適用されてきた先述の「特特制度」を活用することにより開始、2003年、築47年目の東急文化会館がまず閉鎖された。渋谷駅東口駅前に位置するこの建物の直前道路下に副都心線・東横線の地下駅が設置されるので工事ヤードとするためである。四半世紀以上にわたり続くこととなる駅大改造の始まりである。

　当時の議論として、2Fにあった東横線正面大改札を出ると自然と東横店に吸い込まれてしまう構造であったものが、地下化直通運転により多くの

人々が通過し新宿に行ってしまうのではないか、と危惧する声も少なくはなかった。確かに、ネットワーク効果発揮により鉄道事業の競争力は高まるであろうが、渋谷の成長へと導く、人々が通過するのではなく下車してもらわなければならない。そのためには、新しい開発により魅力ある街とすることはもちろん、地下深い駅ではあっても、外へと導きやすい構造・動線とすることを目指す（図1.10）。

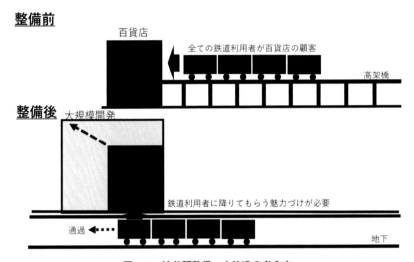

図1.10　渋谷駅整備・大改造の考え方

文化会館を鉄道工事ヤードとして掘り下げることは、その空間を後からできてくる「渋谷ヒカリエ」のスペースとして使い、鉄道利用者を渋谷来街者へと導くことを意図した。地下駅のデザインにも配慮した。建築家として第一人者の安藤 忠雄氏による「地宙船」コンセプトで曲面のコンクリート壁を配置、さらに、ヒカリエとの連結部にある開口部から外気を取り入れることにより、盛夏の猛暑時における空調効率改善に寄与している。

東横線が地下へと移設することが決定してしまったのであれば、その後のターミナルをどうしていくのか、検討は「待ったなし」で始められ、まずはインフラの形態はどうあるべきか、渋谷区が主体となって2003年、「渋谷駅周辺ガイドプラン21」が取りまとめられた。17年後、2020年に実現

することとなるが、乗り換えが不便という課題を抱えていたJR埼京線・湘南新宿ラインのホームを、東横線・東横店跡地を活用することにより山手線ホームと並行する形へと移設する他、バスターミナル、歩行者デッキの提案、さらに、現在の首都高速道路の上に新しい首都高速をつくり、現在の首都高速のJRを跨ぐ構造物を国道246号線として活用、駅部の自動車通過交通量を減少させるという斬新なアイデアも盛り込まれている。

　「ガイドプラン」では積み残されたが、銀座線と渋谷川についての検討は継続された。銀座線については東口広場・道路上空へと移設、明治通りに林立していた柱を全て撤去できる橋梁形式へと変更、全ての運行車両を一旦車庫まで引き上げた後改めて出庫する相対ホームを改め島式にすることになった。前取りのシーサス分岐器で2線を交互に使用し、車庫との連絡線を1本確保する形態へとすることにより乗り換え動線のわかりやすさは向上する。鉄道構造物上に歩行者通路も設置、4Fレベルで宮益坂上から渋谷駅上へ、さらに、西へと向かい既にあるマークシティモールを介して道玄坂上へ、と渋谷駅のところが谷底になっている地形ハンディキャップを克服するための空中歩行者動線（スカイウェイ）提供というまちづくりへの貢献も盛り込まれている。渋谷川については、河川躯体が位置するB1レベルで東西方向歩行者動線を分断するということもあって当初サイホンによる解決策も検討されたが、技術的に困難であることよりB1レベルのまま流路の位置を変更し、新築駅ビル（渋谷スクランブルスクエア東棟）と直行し、加えて地下広場や雨水貯留槽（4,000m³）を新設するための空間を確保するということとなった（渋谷駅街区基盤整備方針、2008年6月）。

　渋谷駅基盤整備の難しさは、そもそも谷底に位置している地形（宮益坂上と道玄坂上の地上1Fは駅部の4F）に加え、B2の半蔵門線・田園都市線、B1の渋谷川、1Fの幹線道路（国道246号）、2FのJR・井の頭線、3Fの銀座線・首都高速といったインフラが縦横に走り、「そこに行けばどこにでも行ける」という基準フロアをつくれないところにある。B3に副都心線と東横線が入ってくるので、施工に伴う堀山空間の活用をはじめ渋谷のまちづくりであまり意識されなかった地下空間をどうしていくのか、ということが主要検討課題である。渋谷川サイホンはB1を歩行者基準階とできないだろうか、を意図した検討であり、本来あるべき姿である1F地上レベルを

歩行者優先のウォーカブルな空間とし、かつ通過交通を他レベルへと振り向けるべく、ガイドプランでは現首都高速道路構造物の「二層化」が提案された。他にも、副都心線・東横線施工後の堀山空間活用プランとして、明治通りのB1レベルでのアンダーパスというアイデアもあった。

1.4.6　都市再生政策の活用

　1990年台、わが国の経済成長を果たす上で、大都市の機能を高度化、都市空間を再編成することにより国の「牽引車」としての役割を担うこととする「都市再生」政策が推し進められた。2002年には小泉内閣が都市再生特別措置法を制定し、通称「大丸有」（大手町・丸の内・有楽町）をはじめ、各所で検討・事業が進められたが、2005年、渋谷駅を中心とする139haも都市再生緊急整備地域の指定を受ける。これにより、先述のインフラ整備はもちろん、単なる百貨店の建て替えではなくより高層でかつシンボリックでさまざまな機能・用途が混在する大規模開発の方向になった。2007年に公表された「渋谷駅中心地区まちづくりガイドライン」は、渋谷では駅周辺の高度利用と基盤整備を一体的に行い、一般的な都市計画の枠組み（用途、容積など）を超えた都市再生特別地区（通称「特区」）による特別なまちづくり指針で、これに従いその後、駅周辺で相次いで立ち上がってくる開発プロジェクトは進められた。「ガイドライン」で提唱された「アーバンコア」すなわち駅が谷底にあるという渋谷固有の地形ハンディキャップを克服すべく開発敷地内に設けられる公共的な縦方向歩行者動線は、その後の駅周辺開発案件における特区の公共貢献として採用される。

　渋谷に限らず都市再生政策に基づくまちづくりは、多様な主体が議論に参画することにより方針が決定される。既存の法規制に拘らない施策を展開することにより、TOD他広い視野でのトータル的な最適解・社会便益最大化へと導くもので、まちづくり、基盤整備、デザインなどさまざまなテーマで、学識経験者、行政、民間事業者、さらには地域の人々が一堂に会し討議される「場」が設定される。従って、特区を活用してでき上がってくる渋谷ヒカリエ（2012年）、渋谷ストリーム（2018年）、渋谷スクランブルスクエア（2019年）、渋谷フクラス（2019年）は、民間事業者（東

急）主導で進めてきているものの、いずれも単なるビル・建築物ではなく、開発を通じて周辺のまちづくりや東京のステイタス向上への貢献が強く意図されている。この「場」を活用しながら、都市基盤も含めた事業の枠組みはつくられたが、さまざまな主体の参画・費用負担などを調整しなければならず、多くの協議が積み重ねられた。それぞれが単体で行うステレオタイプ的事業ではなく、狭いエリアに重層的に組み合わされる複雑な形態をとっているためで、「ガラス細工」とも比喩される関係維持・発展を目指したものである。渋谷のようなターミナル整備の大きな特徴と言えよう。

　4つのビル合わせて床面積計50万m²にも及ぶ大規模投資を回収しなければならないので、収益源として商業・オフィス床から賃料を得る不動産業としての側面が主体であることは否めないが、ヒカリエ、ストリーム、スクランブルスクエアでは「アーバンコア」が設置され、フクラスでは空港アクセスのためのバスターミナルが1Fに設けられ、「都市基盤」の役割も果たしている。この他、ミュージカル劇場としての東急シアターオーブ、ホール、ホテル、8/やQWSのような産官学連携で社会交流や起業支援を行えるような施設の供給、さらには渋谷川の再生等々公共貢献も多岐にわたっている。スクランブルスクエア東棟最上階に設けられた展望施設「SHIBUYA SKY」は、東京を代表する観光拠点のスクランブル交差点を見下ろし、東京南西部全般を見渡せるシンボリックなランドマークである。

　都市再生政策により多くの超高層ビルが都心に建ってきたが、いずれも周辺地域への公共貢献とともに、一方では容積率ボーナスで事業全体の収益性を確保する枠組みである。従って開発規模は大型化する。たとえば、東急文化会館跡地と周辺に建てられた渋谷ヒカリエ（図1.11、2012年開業）は、敷地9,640m²、延床面積144千m²、34F建ての超高層ビルであるが、敷地は文化会館（5,100m²）の約2倍足らずなのに対し、延床面積は30千m²と5倍あまりにもなっている。

　シアターオーブや8/のような社会貢献施設とともに、50千m²のオフィス床が供給された。東京のオフィス市場において渋谷区の賃料水準は千代田区と並んで高く、オフィス床ニーズ大という背景があった。問題は大規模開発であると画一的でつまらない空間になってしまうことにある。「都市再生」を進めれば進めるほど、ル・コルビジェ的な要素の比重が高まり、界

限性があってワクワクできるジェイン・ジェイコブス的雰囲気がなくなるのではないか、という懸念である。大規模ビルの中でも、街中の飲み屋街のような一角をデザインする、という試みが最近開業の案件においてなされているが、「サステナブル」観点より、今後の都市開発課題と言えよう。

図1.11　渋谷ヒカリエ

　これも最近の傾向であるが、大規模開発を活用しながら周辺まちづくりを円滑に進めるエリアマネジメントも合わせて行われている。エリアマネジメント（通称「エリマネ」）とは、まちづくりのステークホルダーを組織化、都市経営を進めるもので、道路、広場、公園、河川など公共空間の民間的な利活用を含め、これまで行政主導であったがゆえに超えられなかった「壁」を超える先駆的な取り組みである。たとえば、ニューヨークでは「BID：Business Improvement District」制度を活用することにより独自に相当額の資金調達をしているエリマネ団体も少なくない。こういった潮流も踏まえて2015年、一般社団法人渋谷駅前エリアマネジメントが設立された。団体の構成員は駅周辺関連で、道路空間下の東口地下広場に新設されたカフェの運営といった事業も展開しているが、この発想を駅から街へと広げ、既存の組織や活動とも相乗効果を発揮しながら広域かつ総合的な価値向上に結びつけるのか、ということも次なる課題である。

第2章

「サステナブル」と ポストコロナの 都市構造

TODは事業者が地域社会とともに発展する3.0へと進化する。加えてコロナ禍を経て人々の行動、特に働き方は変わり、都市構造も4.0段階へと進む。DX・GX活用による5.0への進化も期待できる。人口や意識調査分析結果も踏まえて、人々の行動変容を促し、より「サステナブル」なまちづくりへと導くためのモデルはいかにあるべきか、「えんどう豆」から「納豆」へ、の文脈で研究する。

2.1　郊外型「拠点」の成長と連坦

　都心＝働く、郊外＝住むことを基本とし、これらを鉄道が結ぶ大都市独特の都市構造へと至る歴史・制度的背景について、特に東京南西部の多摩田園都市から渋谷に至る軸を中心に振り返ってきた。ここでは、住むことを中心として始まった郊外においても、商業をはじめさまざまな都市機能を持つ拠点が生まれ成長・連坦してきた経緯とこれからについて述べる。

2.1.1　拠点の成長

　都心で働き郊外に住むいわば TOD 1.0、2.0の背景として、わが国では、まだ自家用車保有が多くはなかった経済ならびに人口成長期に、民鉄事業者がこの時代背景を糧として成長し、まちづくりの主導的な立場を担ってきたことがある。一方、Garden City 発祥の英国では、この理念を理想として実現すべく、大都市外延化を抑制するグリーンベルト政策を生み出し、自己完結型衛星都市ニュータウンを縁辺部に開発したが、「TOD・サステナブル」視点より目的は十分に達成されたのだろうか？

　実際、人々の居住選好は必ずしも働く場所に近いところにはならない。家族の事情や生活環境、オフの活動等々さまざまな要素を勘案した上で住む場所は決められる。都市計画主体が「職住近接」をデザインしたとしても思惑通りには人は動かない。その結果、郊外で提供された雇用の場（オフィス）に向け、別の郊外からの自家用車通勤流動が発生することになった。1990年代頃から、鉄道に根差したリニア（線状）な都市づくりの方が、環境への影響という観点からより「サステナブル」ではないだろうか、という議論が芽生えてくる。グリーンベルトで遮断するのではなく、大都市から延びる鉄道沿線上に高密な市街地が連なるという都市構造である。一方では、これまで記してきた都心側拠点と郊外田園都市、この2つを結ぶ鉄道という構造ができ上がってきたが、住むこと以外の活動を全て都心で、というのは非効率では？という疑問も浮かんでくる。

　このニーズに応える形で、「住」を支援するさまざまな機能が郊外へと滲み出す。五島 慶太がまず取り組んだのは学校、特に大学の誘致であった。

　東京高等工業学校（東京工業大学、1924年）、東京府立高校（東京都立大学、1930年）、慶應義塾大学（1934年）、東京府青山師範学校（東京学芸大学、1936年）の誘致を進めるとともに、自らも武蔵高等工科学校（東京都市大学、1929年）を設立するなど、沿線を「学ぶ」としても充実していくことに取り組んだ。その結果、自由が丘のような街が、単なる「駅前商店街」ではなく、若者をはじめとしたさまざまな人々が訪れ交流する郊外の拠点へと成長する重要な要素であったと言われている。

　その後の郊外の拠点形成に重要な役割を果たすようになったのは、百貨店の進出であった。元々、百貨店＝都心型ビジネスという通念であったが、これを打ち破ったのが二子玉川園駅近くに1969年に開業した玉川高島屋である。1969年と言えば玉電廃線の年で、この時期の二子玉川あたりは遊園地と多摩川に代表される郊外「リゾート」とでも言える場所で、通称「玉高（たまたか）」と呼ばれる、百貨店立地の常識を覆す取り組みであった。この挑戦は見事に成功し、その後の商業事業者の大型施設出店戦略ならびに郊外駅中心まちづくりに影響を及ぼすことになる。

　高島屋は翌年1970年には大宮と立川、1992年に柏駅前にも出店した。民鉄系では、東急が1974年に吉祥寺、1980年に町田、1982年にたまプラーザに、他にも小田急町田（1976年）、京王聖蹟桜ヶ丘（1986年）、西武所沢（1986年）、京急上大岡（1989年）と沿線における出店を進めた。聖蹟桜ヶ丘と所沢は、それぞれ京王電鉄と西武鉄道本社移転とも一体的なもので、TOD事業者の郊外拠点育成に向けた強い意図がうかがえる。他にも吉祥寺近鉄（1974年、2001年には閉店）、浦和伊勢丹（1981年）、八王子そごう（1983年、2012年には閉店）など、1970〜80年代には多くの郊外駅周辺で商業拠点が形成された。また、渋谷のような都心部だけでなく、立川（1952年）、浦和（1963年）、柏（1964年）、八王子（1971年）、藤沢（1979年）、町田（1980年）など、郊外に次々と出店した丸井もこのトレンドを後押しする。

　その中で吉祥寺、町田、柏などでは、百貨店のような大型商業施設だけでなく周辺も含めた賑わいのある街へと発展、都心の新宿、渋谷的な雰囲気も醸し出し、施設と街とが一体となって独自の集客力を発揮するようになった。ル・コルビジェとジェイン・ジェイコブス、2つの特色が混在して

いる街として挙げられるであろう。2002〜18年には町田に109もあった（現在の「町田センタービル」）。単に買物ニーズを満たすだけでなく、一日を楽しく過ごせる、いわば「コト消費」の場として成長できる街は多くはない。百貨店出店が起爆剤となるケースだけではなく、下北沢、自由が丘、川越のように、大きなハコモノ商業施設はなくても、下北沢のエンタテイメント、自由が丘のスイーツ、川越の古民家再生など特徴的な「アイコン」を生かしたまちづくり・活動を上手によるイベント、メディアへの発信などプロモーションを行っている街もある。

　その結果、取り立ててこれら売り物を目的としなくても、休日になると、活気ある雰囲気を味わうことを目的として人々が集い、そぞろ歩きをし、買物や食事を楽しむ街も、東京の成長とともにでき上がっている。昭和から平成にかけては、郊外拠点駅とこれに隣接・近接する商業施設（＝ほぼ百貨店）ならびに周辺との調和で成り立つTODの時代であった。

2.1.2　大型複合商業施設の台頭

　ところが、21世紀になると様相は一変する。1998年に三井不動産が「三井アウトレットパーク横浜ベイサイド」を開業、その後、10haを超えるような広大な敷地に数千台規模の大型駐車場を併設する商業施設が次から次へと建設されてきた。車を中心とした休日ファミリーの欧米型ライフスタイルの台頭である。かつての家族で鉄道を使って渋谷や新宿の百貨店に行き、買物をし、屋上の遊園地で楽しむ、に代わり、車でアウトレットやショッピングモールに行き、そこには幼い子どもがいても気兼ねなく食事ができるフードコートがあり、店だけでなく映画館（シネコン）をはじめとしたエンタテイメント的要素もあり、ライブ感ある生鮮食料品売り場で夕食の素材も購入でき、一日中楽しめるようになった。

　2000年には南大沢、幕張（ともに三井）、南町田グランベリーモール、御殿場プレミアムアウトレットと4か所が一気に開業する。その後、2001年に大和オークシティ、2002年に海老名のビナウォーク、また、2007年にららぽーと横浜、2008年にはイオンレイクタウン（越谷）、三井アウトレットパーク入間と続き、さらに、新三郷（ららぽーと、2009年）、武蔵

村山（イオンモール、2009年）、辻堂（テラスモール、2011年）、船橋（イオンモール、2012年）、木更津（三井アウトレットパーク、2012年）、幕張新都心（イオンモール、2013年）、東久留米（イオンモール、2013年）、春日部（イオンモール、2013年）、富士見（ららぽーと、2015年）、海老名（ららぽーと、2015年）、立川（ららぽーと立飛、2015年）、平塚（ららぽーと、2016年）、座間（イオンモール、2018年）、松戸（テラスモール、2019年）、上尾（イオンモール、2020年）、平塚（イオンモール、2021年）とさまざまな街でこのような施設が出現してきた。この頃よりアオキ、青山、コナカといった紳士服チェーン、アウトドアのワークマン、ホームセンターのカインズ、さらに、ブックオフ、トイザらス、コストコ、IKEAと多種多様な業種業態の店舗が幹線道路沿いに進出、休日の郊外生活はますます自家用車中心となってくる。特に環状道路国道16号線沿道はこのような施設立地のメッカで、活力ある郊外として認識されるようになってきた。

　一方、町田大丸（2000年）、吉祥寺近鉄（2001年）、八王子そごう（2012年）、松戸伊勢丹（2018年）、津田沼パルコ（2023年）など20世紀に建てられた郊外駅周辺の百貨店の中には閉店するところも現れるようになった（図2.1）。

郊外型百貨店・ショッピングモール・アウトレット （）は閉店

1952 立川丸井　1959 横浜高島屋　1960 吉祥寺丸井　1961 所沢・豊田丸井　1962 成増丸井（1983）
1963 吉祥寺北口（1966）・浦和丸井　1964 柏丸井 千葉丸井（1987）　1967 そごう千葉　1968 小田原・蒲田丸井
1969 玉川高島屋ＳＣ、厚木丸井　1970 大宮・立川高島屋 川越・熊谷（1988）・立川南口丸井
1971 吉祥寺伊勢丹（2010）八王子丸井 町田大丸（2000）　1972 川口丸井
1974 吉祥寺近鉄（2001）・東急 松戸伊勢丹（2018）船橋丸井（1985）　1975 横須賀丸井
1976 町田小田急 千葉PARCO（2016）　1977 船橋東武 津田沼PARCO（2023）　1978 津田沼・所沢・吉祥寺丸井
1979 藤沢丸井 柏高島屋　1980 町田東急 横浜・町田丸井 吉祥寺PARCO　1981 ららぽーとSC 浦和伊勢丹
1982 大宮丸井 *たまプラーザ東急*　1983 そごう八王子（2012）　1984 新所沢PARCO　1985 そごう横浜
1986 所沢西武 京王聖蹟桜ヶ丘ＳＣ 戸塚丸井　1988 川崎丸井　1989 京急上大岡 国分寺・大井町丸井 調布PARCO
1990 伊勢丹相模大野（2019）　1993 イオン富津ＳＣ *青葉台東急* ひばりが丘PARCO　1994 厚木PARCO（2008）
1995 *日吉東急*　1996 府中伊勢丹（2019）　1998 三井アウトレットパーク横浜ベイサイド
2000 イオン成田SC 三井アウトレットパーク多摩南大沢 三井アウトレットパーク幕張　*南町田グランベリーモール*（御殿場プレミアムアウトレット）
2001 大和オーシティ 立川伊勢丹　2002 ビナウォーク 町田109（現レミィ）　2003 イオン津田沼SC　2004 イオン与野・北戸田SC
2005 イオン八千代緑が丘SC　2006 ラゾーナ川崎プラザ ららぽーと豊洲・柏の葉 イオン千葉ニュータウン・浦和美園・柏SC 町田モディ
2007 浦和PARCO ららぽーと横浜 イオンモール羽生・川口キャラ・日の出 丸井戸塚・立川（2012）・川越（2020）モディ
2008 イオンレイクタウン 三井アウトレットパーク入間　2009 ららぽーと新三郷 イオンモールむさし村山　2010 イオンモール銚子 *たまプラーザ テラス*
2011 *二子玉川ライズ* テラスモール湘南　2012 イオンモール船橋 三井アウトレットパーク木更津
2013 イオンモール幕張新都心・東久留米・春日部 MARK ISみなとみらい　2014 イオンモール木更津・多摩平の森
2015 ららぽーと富士見・海老名・立川立飛　2016 ららぽーと湘南平塚　2018 イオンモール座間 柏モディ
2019 テラスモール松戸 *南町田グランベリーパーク*　2020 イオンモール上尾　2023 イオンモール湘南平塚

図2.1　郊外型百貨店・ショッピングモール・アウトレット　（）は閉店

　課題は、このような施設はたとえば、工場跡地の土地利用転換により建てられることより、必ずしも鉄道駅隣接・近接型でないことにある。一方、東急沿線の特徴は、大規模複合商業開発がいずれも駅近接というところにある。たまプラーザテラス（2010年）、二子玉川ライズ（2011年）、南町田グランベリーパーク（2019年）といずれも駅前であり、加えて開発だけでなく駅そのものの改築も含め鉄道と街一体型となっている（図2.2）。

図2.2　南町田グランベリーパーク駅

　もちろん、かなりの数の来場者が自家用車利用ではあるが、これに相当する数の人々が鉄道で訪れる、また、鉄道と施設の運営が同じ事業者なので、鉄道による来店を高めるソフト施策を展開しやすいという特徴がある。
　二子玉川とたまプラーザでは、単に駅前に大規模施設をつくっただけではなく、周辺の街の価値向上も果たすべく、エリアマネジメント（エリマネ）的組織・取り組みも立ち上げた。エリマネはどちらかというと都心の都市再生制度活用型高度利用都市開発周辺部での展開が主体であったが、郊外でも同様の取り組みを始め、2015年には「二子玉川エリアマネジメンツ」が、この街の代表的な商業施設を運営する東急電鉄と東神開発＝高島屋ならびに玉川町会と世田谷区により設立された。街の代表的リソースである多摩川の活用をテーマの1つとして掲げ、さまざまな活動を展開している。

　たまプラーザでは、横浜市と東急が2012年の「包括協定」締結後、「次世代郊外まちづくり」という旗印のもと、さまざまな取り組みが積み重ねられている。「城西南地区開発趣意書」から半世紀以上が経過し、街として成熟度が増してくるとともに、大都市郊外が抱える共通の課題、たとえば、コミュニティの喪失、高齢化、建物の老朽化などが顕在化していたことが背景で、これら社会課題について住民を含む多様な主体が参加可能なエリマネ的手法で解決していこうとするものである。目指すまちの将来像として「WISE CITY（ワイズシティ）」が提唱された。WISEには賢い、懸命なという意味もあるが、W（Wellness・Walkable & Working）、I（Intelligence & ICT）、S（Smart & Sustainable）、E（Ecology・Energy & Economy）の頭文字を取った造語でもあり、健全なコミュニティへと再生、持続させようという思いが込められている。

図2.3　WISE Living Lab

　たまプラーザでの次世代郊外まちづくりのキーワードは「コミュニティリビング」である。日常的な生活圏の中で住むことの他にも、医療、介護、保育、環境、エネルギー、モビリティ、防災、そして、「働く」といった多様な都市機能を結合し、サステナブルなまちづくりを目指す。これを支援するべく、WISE Living Lab（ワイズ リビング ラボ、2017年、図2.3）

とCO-NIWAたまプラーザ（2018年）が、さまざまな世代や立場・背景を持つ人々が交流できる施設として相次いで開業した。

　TOD事業者が行政に全てを委ねるのではなく、主体的に地域と関わることにより価値を創る、共創、協働を基盤とする新たな潮流、"TOD 3.0"の始まりである。

　元々、開発の種地があったため田園都市線ルートを迂回したことによりできた拠点であるが、1982年の東急百貨店開業に始まり、2010年にはたまプラーザテラス、さらに、駅前の敷地だけでなく駅そのものの大改造も行うことにより、従前は鉄道により分断されていたエリアの回遊性を高め、かつ商業だけではなく介護や保育といった地域の生活支援機能も入る複合施設化した。また、羽田空港をはじめとした各地に発着するバスターミナルとしてのサービスも充実、ショッピングセンターが巨大「待合室」としてストレスなく乗り換えができるという評価もあり、多摩田園都市のブランド価値向上に貢献している。

　たまプラーザで締結された自治体との包括協定は、2012年の横浜市に始まり、川崎市（2015年）、大田区（2019年）、渋谷区（2020年）と東急沿線で拡大した。川崎市では鷺沼、大田区では池上の駅周辺整備プロジェクトが進んでいた背景もあるが、単にビルを建てて終わるのではなく、まちの持続的な改善に腰を据えて官民連携で取り組む姿勢の現れである。元々、まちづくりに関する公共サービスは自治体により提供されてきたが、財政的観点で一層厳しくなるであろう今後の成熟型社会への移行を見据え、より効率的な都市経営のためには、一層の住民参加を促しかつ民間の活力やノウハウも活用しなければならない。この行政ニーズに加え、企業として成長・価値創造に向け沿線アイデンティティをより強めるビジネスを開拓しなければならない、というTOD視点ニーズが合致した。

2.1.3　郊外型拠点の連坦

　二子玉川で高島屋とともに地域の核施設となっている二子玉川ライズ（図2.4）は、1922年に玉電が開設した遊園地、二子玉川園の跡地を中心とした市街地再開発事業によるものである。遊園地は1985年に閉園、その後、

しばらくアミューズメントパークなどで暫定利用されていたが、20年を経た2005年に再開発組合が発足、2007年に工事着手、2009〜2010年に駅から最も遠いⅢ街区住宅棟が引き渡され、2012年に駅に最も近い商業を中心としたⅠ街区が開業、そして、2015年にⅠとⅢを結ぶオフィス、ホテル、シネコンなどから成るⅡ街区が開業した。地域の人々による再開発を「考える会」の設立は二子玉川園閉園の3年前の1982年なので、ここをスタートとした場合、完成まで30年以上にも及ぶ長期間を要したことになる。それだけまちづくり、特に既存の街リノベーションには長い時間がかかるということがわかる典型的な事例である。

図2.4　二子玉川ライズ

　合わせてⅢ街区のさらに外側（南東側）のかつて自動車学校やスポーツ施設があったところに、新たに二子玉川公園も開設された。これは多摩川との間にある多摩堤通りを跨る形でデッキが整備されており、公園と河川とが一体的となった開放的な緑の空間となっている。公園内に出店したスターバックスの集客力もあり、憩いの場として人気を博している。二子玉川ライズの大きな特徴は、Ⅱ街区の10万m²にも及ぶオフィス床に、品川から楽天の本社機能が1万人とも言われる従業員とともに移転、郊外でありながら「働く街」というところにある。実際、東京急行電鉄株式会社は

2015年の中期経営計画において、2022年においてありたい姿、長期ビジョンとして「3つの日本一」を掲げた。日本一住みたい沿線・東急沿線、日本一訪れたい街・渋谷とともに、日本一働きたい街としての二子玉川である。二子玉川ライズにおけるオフィスは、この理念が具現化されたものである。また、本来であれば駅に隣接すべきバスターミナルが、混雑する国道246号と多摩堤通りとの交差点から一定の距離を取るため、駅から離れて設置しなければならない不利な条件を逆手に取り、アクセス通路を「ガレリア」と称する商業施設内を貫通する大空間として、バス～鉄道アクセスだけではなく、さまざまなイベントを開催できる「広場」的機能で街の賑わいづくりに貢献している。

駅に隣接する大規模オフィスは三軒茶屋と用賀でも、それぞれキャロットタワー（27F）、世田谷ビジネススクエア（略称SBS、28F）と称する高層ビルにより提供されている。キャロットタワーは駅前の市街地再開発事業で1996年、SBSは旧玉電の車庫跡地を活用したもので1993年の開業であった。これらの開発経緯より東京南西部の国道246号線、すなわち大山街道の軸線上にオフィス床マーケットが徐々に広がってきたことがわかる。加えて、キャロットタワーやSBSのような大型開発案件だけではなく、中小規模のオフィスビルが世田谷区内の国道246号線沿道には少なくない。二子玉川ライズにおけるオフィスとしての成功は、決して「偶然の産物」なのではなく、このような市場の動向を見据えたビジョン・戦略の賜物である。

しかし、多摩川を越えるとオフィス市場は減退する。ハイテク企業が沿線に多く立地する南武線と交差する溝の口駅周辺にいくつかオフィスビルも見られるが、その先、多摩田園都市に入るとオフィス市場はないというのが不動産業界の通念である。もちろん、たまプラーザや青葉台のような急行停車駅前には、金融機関の地域支店や営業所が入居するコンパクトなオフィスビルもあるが、基本的にはたとえば、駅前開発の事業検討をした場合、最も手堅い用途としては住宅すなわちマンション、あるいは、百貨店をはじめとした商業である。急行が停車するような拠点駅近くには、大きな集客圏（＝商圏）を持つ商業集積が形成されている。南武線との結節点でもある溝の口駅前には二子玉川や三軒茶屋と同様、市街地再開発事業

によりでき上がったビルが2棟立っている。「ノクティ（NOCTY）」と称するこの建物には丸井をはじめとした店舗が入居している他、行政サービスコーナーや、環境をはじめとした市民活動の拠点が入居している。

　溝の口は高津区であるが、その先宮前区の急行停車駅鷺沼駅前でも駅前再開発プロジェクトが立ち上がっている。元々多摩田園都市の区画整理でつくられ、春になると桜の名所でもある広場だが、バスと自家用車が混在するため、朝の通勤時間帯には混雑・渋滞、バスが広場に入れない問題が指摘されており、この解決が地域の第一義的課題であったことに対応する。駅から広場を挟んで反対側の東急ストアが入居するビル（フレルさぎ沼）を含めることや、線路上空に人工地盤を設置することなどさまざまな検討が重ねられ、駅前の2.3haを対象に市街地再開発事業が立ち上がった。鉄道の線路上空活用は見送られたが、フレルさぎ沼を含め現在の広場周辺も取り込んでの大プロジェクトである。交通広場機能の増強・改善はもちろん、2棟の高層ビル（37Fと20F）が建ち、商業、市民館、ホール、さらには宮前平駅から徒歩15分あまりも要し不便との意見が多かった宮前区役所移転もあり、まちづくりの起爆剤となる拠点形成が期待される。

　ところで、多摩田園都市は4つのブロックに分かれている。第1ブロックは川崎市宮前区、第2ブロックは横浜市青葉区で市が尾と藤が丘間を流れる鶴見川（谷本川）の都心側、第3ブロックはその郊外側に横浜市青葉区で鶴見川支流の恩田川と交差する田奈駅まで、そして、第4ブロックは長津田以遠で横浜市緑区、町田市、大和市域である。従って、第1ブロックの拠点が鷺沼、第2ブロックはたまプラーザ、第3ブロックはあざみ野の次の急行停車駅の青葉台である。開発の比較的早期から土地区画整理事業の完成とともに人口定着が進んでいたことから、1980年代から駅のリノベーションと拠点形成に向けた駅周辺開発に着手されている。

　青葉台駅には北は鴨志田、桂台、あかね台といった多摩田園都市の縁辺部から、南はJR横浜線十日市場駅のさらに先の霧が丘や若葉台といった鉄道駅から、徒歩アクセスが困難な集合住宅・団地からのバスルートが集結している。多摩田園都市の中でも広域駅勢圏を持つのだが、これを可能としたのは、1980年代中頃行われた駅前広場・バスターミナル整備である。他駅で整備された土地区画整理事業によるものとは異なり、横浜市と東急

がそれぞれ用地を供出し、学識経験者も入れて検討したもので、先述した鷺沼とは異なり、広場への一般車両流入を排除することにより、効率的なオペレーションになっている（一般車についてはバスターミナルとは別の場所で鉄道高架下空間を提供）。この広場整備と同時期の1993年に駅から横浜環状4号線の反対側に東急百貨店が開業、その後も2000年には駅ビル開業により商業施設は充実、加えて劇場（フィリアホール）や線路上空のスポーツクラブなど、郊外の拠点として成長してきた。

　第4ブロックには、長津田（JR横浜線）と中央林間（小田急江ノ島線）と2つの結節点があるが、いずれも街の賑わいという観点からは、たまプラーザや青葉台の域にまでは達していない。その中で新たに浮上してきた街が南町田である。長津田と中央林間のちょうど中間にある南町田は、第4ブロックの他駅周辺と同様、戸建住宅が中心の街づくりであった。駅前の東急所有地は、しばらくグラウンドとして使われていて、社内レクリエーションで野球やソフトボール大会を開催する場所であったが、2000年に「グランベリーモール」という商業施設が開業した。米国で流行していた開放的な空間から成るオープンモールスタイルで、アウトレット店舗も入れることにより鉄道はもちろん、東名高速、国道16号、246号の幹線道路が集結する立地条件も生かして広域商圏を意識した集客力を発揮した。横須賀に寄港した米軍空母からわざわざバスを仕立てて人気ステーキ店に来店したり、休日には自家用車で愛犬を連れてきて散歩させる人が集まることにより、まるで犬の「品評会」の場では？と言われたりと、多摩田園都市の中でも非日常的な雰囲気を醸し出す個性的な空間である。

　ところが、グランベリーモールは暫定10年という建築物であったため、2010年代中頃になると、躯体や設備の老朽化に伴う課題も浮上、本格的な再開発に着手することになった。ちょうどその頃、国道16号線の高架バイパス整備に伴う駅北口駅前広場や鉄道による街の分断を解消すべく自由通路整備も検討されていて、これらが一体となった拠点整備である。2016年には町田市と東急の間で「南町田拠点創出まちづくりプロジェクト」に関する協定を締結、官民連携による駅を中心としたTOD型都市開発が進められることになった。官民連携の目玉は駅整備だけに留まらず、民間による商業施設と公共による公園の一体化に取り組んだことにある。グランベ

リーモールと道路を挟んで反対側にあった鶴間公園を土地区画整理事業により一体敷地とすることにより、「グランベリーパーク」という両者の相乗効果を発揮する新スタイルの空間が提供されている。単なる商業施設ではなくスヌーピーミュージアムや図書館、シネコンもあり、二子玉川、たまプラーザ、青葉台に並ぶ田園都市線上の代表的な拠点となった。

2.1.4　郊外で働くこと

　以上記してきたように、郊外拠点の主たる機能は商業である。駅前に百貨店をはじめとする大規模商業施設を配し、鉄道はもちろん、広域からの自家用車による来訪にも対応できるような台数の駐車場も持つことにより集客力を発揮している。そこでの買い物をはじめとした時間消費行為は、生活必需品購入のような日常生活を支える他、家族や友達と楽しい時間を過ごすことなど、「住むこと」に付帯したものである。一方、「働くこと」ならびにこれに付帯した接待・会食、仕事帰りに一杯、といった行為は、基本的には都心部（含新宿、渋谷といった副都心）やその周縁部（たとえば、中目黒や三軒茶屋）により担われ、最近では楽天が本社を移転した二子玉川あたりまで拡大してきてはいるものの、まだまだ多摩田園都市にまでは到達していない、というのが実情と言えよう。

　郊外でのオフィスワークについては、30年以上前、平成の初めあたりから取り組まれていた。通勤電車混雑問題など都心部への集中による弊害を解消しようとするもので、大都市政策として横浜、大宮、千葉が「業務核都市」に指定され、みなとみらい、さいたま、幕張といった新都心開発が進められた。他にも民鉄事業者の西武鉄道が1986年、京王電鉄が1988年、自身の沿線開発における拠点育成も目指し、それぞれ所沢と聖蹟桜ヶ丘の駅前に本社を移転した。聖蹟桜ヶ丘にはパシフィックコンサルタントが1987年に移った他（その後、都心に再移転）、朝日生命が多摩センターへ（1991年）、プラスが幕張新都心にクリエイティブワーカーの拠点を新設（1990年）、さらに、1991年に運輸省（現国土交通省）関東運輸局が横浜に、2000年の「街開き」以降、大宮操車場跡地のさいたま新都心に行政機関が移転するなど「分散」が進み、郊外オフィスがブームとなった。

　多摩田園都市や港北ニュータウンには、オフィス移転はなかったものの、スタンレー電気（江田、1969年）、三菱化成（現三菱ケミカル、青葉台、1969年）、IBM（中央林間、1985年）の他、リコー、デュポン、コダック、スズキ自動車など港北ニュータウンに研究開発機能を移した企業があった。かつての大山街道に沿って東京南西部に延びる、いわば「田園都市軸」は単にベッドタウンとしてだけではなく、先端技術の開発からイノベーションを生み出す素養もあり、加えて最近では、将来の脱炭素社会を担う技術として期待されているペロブスカイト太陽電池が生まれた桐蔭横浜大学も沿線にあり、脱炭素のサステナブルなまちづくりの先導役を担うストーリー性もある。世田谷ビジネススクエアや二子玉川ライズにおける大規模オフィス開発の成功は、このような歴史や文化への理解に基づくものである。

　一方、本社をそっくり移すのではなく、郊外でも働ける場として「サテライトオフィス」開設も活発になった。1991年、NTTは船橋、鎌倉、上尾に、住友信託銀行、鹿島、富士ゼロックス、内田洋行、リクルートの5社連携で志木（柳瀬川駅前）に、他にも吉祥寺（1984年、NEC）、大宮（1988年、三菱マテリアル）、溝の口（1991年、KSP）、浦和（1991年、住友生命）などもある。加えて阿蘇、安曇野、ニセコ、八ヶ岳、千曲川では「リゾートオフィス」、今でいう「ワーケーション」的取り組みが半ば実験的な位置づけも含め展開された。メールもインターネットもない時代であった。郊外・リゾート・サテライトオフィスにおいては、通勤時間短縮、仕事に対する能動的姿勢の発揚、オフィスコストの低減などのメリットも認識されたが、コミュニケーションやマネジメント上の課題も浮上してきた。一方で、都心部やその周縁部において大規模オフィス開発物件が次々と立ち上がることにより都心に戻る企業も多く、再「集中」の時代が到来する。

　テレワーク先進国であった米国においても、2017年、IBMが在宅勤務数千人に今後はオフィスで働くようにと命じ話題となった。当時、アップルやグーグルでも積極的には推奨しないとされたが、理由としては在宅勤務者が管理者の目が届きにくいことを悪用し、サボる、副業する、転職活動をする、従業員のモチベーションが上がらない、リアルコミュニケーションでの細かいニュアンスが伝わらない、協調性が育たない、そして、その結果何よりもイノベーションが生まれないといったことが挙げられる。

2.2　ポストコロナの生活スタイル・都市構造

　2020年初頭からのいわゆる「コロナ禍」により人々の生活は一変した。特にテレワークの浸透など働き方の変化により、TODも新しいフェイズ"TOD 4.0"へと移行することとなった。

　ここでは、ポストコロナの生活スタイルと、これがもたらす都市構造への変化について論じる。

2.2.1　コロナ禍による新しい日常（new normal）：働き方改革

　2019年12月、中国湖北省武漢で集団発生した急性呼吸器疾患が新型コロナウイルス感染症（COVID-19）と呼ばれることに始まる、いわゆる「コロナ禍」の間、感染抑制と経済活性化、二律相反する2つの目標を同時に追い求めていかなければならず、これまで基本とされていたリアル＝対面での交流が大きく制約され、デジタル（DX）によるオンラインコミュニケーションが取って代わるようになった。既に先駆的な企業においては、オンライン在宅勤務が取り入れられていたが、前述のIBMの例にもあるように、その功罪においてはさまざまな議論があり、さらなる拡大に向けては暗中模索の状態であった。つまり、もう少し先にやって来る世界が突然目の前に現れてしまった。サステナブルなまちづくりは、この前提を踏まえたものでなければならない。

　特にテレワーク・在宅勤務への評価が高まった。今回のコロナ禍では半ば強制的にせざるを得ない状況であったこともあるが、業務遂行にあたってはそれほど支障なくなんとかなること、夫の家事参加や家族内でのコミュニケーション増、そして、何よりも毎日すし詰めの満員電車に乗らないで済むといったメリットも感じ取られた。コロナ禍で悪いことばかりだったけれど、将来に向けての財産とでも言うべき良いこともあった、いわば「コロナレガシー」とでも言えるのではないか。従って、ポストコロナにおいても、オフィスでの就業に加え在宅勤務・テレワーク、あるいは自宅近くのサテライトオフィス利用を導入する企業が多く出現している。

　既にMeta（旧フェイスブック）やX（旧ツイッター）といった外資企業

は在宅勤務推進を公表し、車通勤が常態化するシリコンバレーで交通渋滞緩和や大気汚染減が期待されているが、わが国でも日立、東芝、富士通、トヨタといった大企業はいち早くコロナ後も在宅勤務を継続することを公表した。郊外に住み、都心のオフィスに毎朝電車で通勤するというこれまで当たり前であった就業者の生活スタイルは大きく変わった。そして、この「働き方改革」は、これまで「就職」というよりは「就社」的色彩の濃かった「メンバーシップ雇用」から、職務に応じて企業がそれに合ったスキル、資質、経験を持つ従業員を雇用する「ジョブ型雇用」へと変わる転機にもなる。

　これまで、リアルコミュニケーションをベースに管理職である上司が部下に仕事を進めながら指導、いろいろなノウハウを伝授するOJT（On the Job Training）が人材育成の基本だった。しかし、仮にリモートワークの比重が高まった場合、このモデルの継続は難しくなる。ジョブ型雇用が進むと、これまでの日本企業の特色であった年功制は薄れるとともに管理型人材ニーズは減少し、より専門性と個性に富む自立・自律型人材が求められるようになるであろう。人材をいかに有効活用できるのか、ということが企業の競争力に直結する時代である。

　逆に従業員から見ると、「会社が自分を守ってくれる」のではなく自己啓発を怠ると脱落する、厳しくかつ生き甲斐を感じるようになることも認識しなければならない。自分のキャリアを自分でコントロールしながら人生を歩むスタイルが主流となり、価値観も会社依存型ではなく、より家族や地域との関わりが重要視される。

　ジョブ型雇用への移行とテレワークの普及は、働き方改革の車の両輪と言える。元来「業務」というものは、さまざまな「ジョブ」の組み合わせにより進められるべきもので、仮に１つのジョブの担い手がいなくなれば、他の担い手により補われる。従って、この仕組みが定着している欧米諸国における労働の流動性は高くなる。それぞれのジョブは「ジョブディスクリプション」（＝職務記述書）により明文化され厳密に定義される。一方、わが国の「非ジョブ型＝メンバーシップ型」とも言える雇用形態ではチームによる業務遂行体制の中、個人個人がすべきことをその都度決めることが多く、しばしば「場の空気を読む」ことによる非言語的な指示・情報伝

達・意思決定がなされる。上司の部下評価も、遂行された業務成果に加え、組織への適応力の比重が高くなる。

　このような働き方は、上司と部下が物理的に離れてしまうテレワークには適さない。オンライン会議では「空気を読む」ことが難しいからである。デヴィッド・グレーバーは「ブルシット・ジョブ（Bullshit Job）：クソどうでも良い仕事」として取り巻きの仕事、脅し屋の仕事、尻ぬぐいの仕事、書類穴埋め人の仕事、タスクマスターの仕事の5つを挙げた。いずれも経済成長とともに組織が肥大化したがゆえに発生してきた仕事、と見て取れるが、これらもリアルからオンラインへと移行する働き方改革とともに整理されるであろう。テレワークはブルシット・ジョブ削減に有効では？という仮説である。

　従って、ジョブ型雇用進捗によりテレワークも進むのではと示唆される。実際、2021年9月にNTTが発表したように、ビジネスマン転勤族には「必定」とされていた転勤や単身赴任を廃止する企業も目立つようになった。経営側の観点からも、ホワイトカラーの低生産性はかねてより問題であったが、今後はDXを活用し、よりイノベーティブなアイデアを提供してくれる知的創造性に富んだ人材を発掘・育成しなければならない。知的労働が中心になるということは、指示を受け作業する「雇用」ではなく、自ら課題を創造し解決・成果を出す「請負契約」の方向へとシフトすることを意味する。毎朝満員電車で通勤する「社畜」と揶揄されたサラリーマンは過去の遺物になるであろう。

　実際、欧州各国（オランダ、フィンランド、ドイツなど）では、労働者の権利として「在宅勤務権」が法制化されている。書類の作成や事務的な打合せは、たとえ出社が可能であっても在宅が当たり前、必要なく出社して家庭での時間を無駄にしたくないという価値観である。空いた時間を使ってNPOなどで社会に貢献する副業もこなす人材を企業側が求めるようになるであろう。一方、オフィスでの仕事は創造的なアイデアを交わしつつ、参加者の「気づき」を励起し意識改革や行動を促す場に限定されてくる。このような働き方であれば、十分に在宅やリゾート地での勤務（ワーケーション）も可能ではないだろうか。

2.2.2　オフィス市場への影響

　まちづくりの観点から気になるのは、このような働き方改革が都市構造にどのように影響するか、ということである。とりわけ、大都市都心部における主要床用途の「オフィス」がどうなってしまうのかということは、不動産業界における最大の関心事と言える。では、実際のオフィス市場はどのようになっているのだろうか？

　公表されている三鬼商事のデータによれば、コロナ禍直前、2020年1月における東京ビジネス地区のオフィス空室率は1.53％と空前の低水準であった。需給がひっ迫、入居したくてもほとんど空きのない「売り手市場」であった。同月の賃料は、月坪22,448円、2008年秋のリーマンショックから長期低落であったものが2014年初頭に底を打ち（16,200円くらい）、その後、6年間は上昇傾向が続いた。アベノミクスによる好景気やオリンピックへの期待感もあり、東京のビジネスセンターとしての成長が限りなく続くという空気であったことは記憶に新しい。ところが、新型コロナによる外出自粛による状況は一変する。商業や鉄道、ホテルだけではなくオフィス市場も例外ではなかった。2020年1月から1年半後の2021年7月、東京ビジネス地区の空室率は1.53％から6.28％へと4.1倍へと上昇する。その後、2年あまり空室率は6％台を継続しているものの、賃料は19千円台にまで下落した。もちろん、東京のオフィス市場が「崩壊する」ことは起こらなかったが、「風向きが変わった」感は明らかである。

　長い目で見ると、オフィス市場は10年くらいのサイクルで上下を繰り返している。前回はリーマンショック時であった。2005年頃から上昇基調であったが、2007年にサブプライム住宅ローン危機による米国住宅バブルが崩壊、翌2008年9月に投資銀行リーマン・ブラザーズ・ホールディングスが破綻するなど多分野における資産価値暴落へと連鎖した。2007年11月の東京ビジネス地区空室率は2.49％、ちょうどコロナ禍前と同じような低水準であったが、2012年6月には9.43％、5年あまりで約4倍にもなった。賃料もピークの2008年6月の22,868円から2013年12月の16,207円へと、約5年で約3割下落である。これに比べると、2020年コロナ禍以降の市場変化、すなわち空室率6％台（2012年6月の約2/3）、賃料約1割下落

は「まだまだ」と見て取れる。不動産業界で経験豊富な人々は、リーマンショックと比較すれば大したことない、と感じるのではないか。

　しかしながら、当時は不況が要因であったのに対し、今回は働き方改革を伴う社会構造変化的色彩が濃いという認識を持たなければならない。事実、在宅勤務先進地とでも言える米サンフランシスコのオフィス空室率はコロナ禍前の5、6％程度から2023年第3四半期には20％に上昇し、今後30％を超えるという予測もある。また、シェアオフィス大手のWeWorkが経営破綻に陥った。いくつかの大企業でコロナ禍後も在宅勤務を標準化し継続することについては既に記したが、たとえば、その中で東芝はサテライトオフィスを増やすとともにオフィスを削減し、2023年5月から在宅勤務と出社を組み合わせた「ハイブリッド勤務」を制度化した。三菱UFJ銀行やSMBC日興証券といった金融機関においても、本社だけではなくさまざまな場所でテレワークができるように、サテライトオフィスをはじめとした「働く拠点」を増やすことを公表している。テレワーク＝「在宅」でもない。実際、自宅で働くことは通勤時間節約メリットがあるものの、他の家族への影響や、そもそも住宅にはオンライン会議用の適当なスペースがないなど必ずしもベストではないという声は多くあり、そういった意味で、家と本社の間でどこでも働ける選択肢があることは、より豊かな生活になると考えることができる。

　コロナ禍による働き方改革は、企業にとって改めて「オフィス」について見直す良い機会になった。LIXILグループ、クボタ、出光興産は都内に分散していた拠点を集約、オフィス面積減による経営効率化を目指すとされている。この他、文化庁が京都に、NTTが高崎と京都に、パソナは淡路島に移転した。また、サザンオールスターズや福山 雅治が所属していることで知られている渋谷のアミューズは2021年7月、富士五湖の1つの西湖に本社を移転し、「AMUSE VILLAGE（アミューズ ヴィレッジ）」を創設した。元はホテルであった場所で、オフィス、ホール、撮影スタジオ、宿泊施設の他、体育館をリノベーションした屋内スペースやアートを配した芝生広場が敷地内に配されており、加えて山梨県と地域経済活性化に向けた包括連携協定が締結され、地方創生も合わせた取り組みとして注目されている。イベントなどを通じた地域交流の他、農業とも深く関わり、循環

型社会形成へも挑戦する。本来業務のアーティスト育成は農作物を種から育て収穫することと相通じるところがあり、農業をはじめとした第一次産業との距離感を縮めることは、都会の喧騒に慣れ過ぎてしまった社員の意識改革にも繋がり、地方に拠点を設けるメリットと言えそうである。

　電通は汐留にある48Fの本社ビルを売却、結局、リースバックで入居は継続するが、いつでも減床できる体制を整える。この「セール＆リースバック」が電通の他、リクルートホールディングスなど増加傾向にある。ユニークなのはロゼッタで、本社住所を登記上のみとし、実際の機能は仮想現実（VR）空間上に移し、これにより自宅などどこからでもVR空間へとアクセスし、作業や会議が可能となる仕組みを導入した。本社をシェアオフィスに移転する動きもある。DeNAは渋谷ヒカリエの7フロアを占有していたが（2,800席）、シェアオフィス「ウィーワーク」に移り、席数も700あまりに減らした。在宅勤務の普及により固定賃料の支払い減を目指した方が合理的という考え方である。シェアオフィスでは企業ロゴの設置や改装に制限があり、会社独自の雰囲気づくりや帰属意識醸成は難しいが、一方では、場所を柔軟に使え、ビジネスに関する異業種交流をしやすい環境にもあり、新たな事業創造拠点として期待も持てると意識されている。

　実際、2020年度に東京都心から本社を移転した企業は、対前年度で2割以上増えた。資産を持たない中小サービス業を中心に、郊外や地方都市に拠点を移す動きも目立った。本社所在地変更登記を分析すると、2020年度の転出数約6,700社は対前年24%増、一方転入は約4,600社で転出が4割以上多くなっている。移転先は郊外が多く、横浜市、川崎市、さいたま市、川口市が上位に並んでいるが、この他、那覇市、宇都宮市、つくば市も目立つ。業種では経営コンサルタントやソフトウェア開発などオンライン対応でできる身軽な業種が、規模では中小企業が多く、9割が売上高10億円未満であった。この傾向を踏まえて、自治体も誘致に動く。横浜市は条例改正し、転入時に助成対象となる企業規模を従業員100人以上から50人以上に緩和した。在宅勤務を支援する自治体も現れてきた。たとえば、青梅市はテレワーク環境整備のための改修工事に対しての補助金を設けることとし、東京都は新たにテレワーク導入を目指す都内中小企業を伴走型で支援する事業（コンサルタント派遣や機材体験）を拡充した。コロナが終息

した2023年になると、東京都心への再集中が始まった。

　一方、「オフィス回帰」を促す企業もある。話題となったのは2022年5月、テスラ社のイーロン・マスク氏が幹部社員に向け「在宅勤務を希望する者は、週に最低40時間以上オフィスに出社する必要がある」旨のメールを送付したことがあるが、他にも米ウォルト・ディズニー社は2023年3月から従業員に週4日の出社を求めた。「我々のようなクリエイティブなビジネスでは、物理的に一緒でいることにより仲間と繋がり、気づき、創造することが何ものにも代えがたい」と強調している。わが国でもたとえば、GMOインターネットグループはコロナ禍で推奨してきた原則週3日出社方針を廃止、原則出社とすることで「全従業員が顔を合わせて勤務し、円滑なコミュニケーションを促進する」としている。

　総合的に眺めると、構造変化がオフィス市場に起こっていることは明らかだ。従って、これからは、平成の都市再生政策時に渋谷をはじめとした都心部各所で謳歌したオフィス床依存型開発スキームはもはや万能、無敵とは言えないのでは？また、代わりに郊外のこれまで商業を中心とした拠点成長の起爆剤としてオフィス床開発があるのでは？ということが示唆される。

2.2.3　鉄道への影響

　都心オフィスとともに大きな影響を受けたのは、TODのもう1つの柱の鉄道である。コロナ禍中であった2020年度の鉄道事業者の決算は、惨憺たるものであった。

　大手民鉄15社に東京メトロ、JR東日本、JR西日本を加えた18社の輸送人員対前年比を見ると（JRは大都市圏在来線）、18社全てが2割以上減、東京メトロ、京王、JR東日本、東急、小田急、京急、JR西日本の7社については3割以上減になった。おそらく在宅勤務率が高いオフィスワーカーが多いという土地柄が影響しているのだろうか、東京南西部を地盤とする旧「大東急」の4社が相対的に厳しい状況であった。その後、輸送人員は回復傾向になってきており、2022年度決算を見ると、コロナ前の2019年度比で8~9割程度にまで戻っている。

　では、このコロナ禍が去った後は元の鉄道需要まで回復するのだろうか？
　これについてはいろいろな見方が可能であるが、既定の路線を踏襲するだけでは難しいと言える。先述のように多くの企業がポストコロナになっても在宅勤務を継続、通勤手当支給を取りやめ在宅勤務手当を支給する。通勤費は通勤回数に応じた実費精算するという、業務打合せで外出のたびに精算していた交通費と同等の扱いである。つまり、オフィスは用事があろうとなかろうと毎朝なんとなく行く場所ではなくなり、会議や打合せがあるからその時間に合わせて行く、という場所になり、オフィスワーカーから見れば顧客や取引先事務所と同レベルの位置づけである。当然のことながら「通勤」トリップは減ることになり、鉄道需要も減少するであろう。郊外の住宅から、都心のオフィスへと毎朝電車で通勤するというTODの基本生活スタイルは変わっていくのである。

　従って、ポストコロナのライフスタイル変化に伴う鉄道需要＝輸送人員減による運賃収入減に陥る可能性は、十分にあると留意すべきであろう。合わせてこれから起こるかもしれないオフィス市場の変革も考慮に入れると、特に都心部のオフィス床を主要な収益源としている不動産賃貸業も、事業ポートフォリオの根幹に据えているTOD事業者も安閑とはしていられない、新しいビジネスモデルを考え始めなければならないのである。

2.2.4　TOD・都市構造への示唆

　ポストコロナのニューノーマルにおける人々の価値観や行動パターンの変化は、まちづくり、特にTODにどのような影響を与えるのであろうか？
　少なくとも、これまでモビリティの主流であった朝夕の通勤・通学の比重は少なくなりそうだ。付帯する都心内移動の打合せなど業務トリップや仕事帰りの会食・飲み会も減りそうだ。「働く」ことに関連したアクティビティの重心が、都心から郊外へと移りそうだ。地方都市やリゾート地も大きなチャンスが来た、とも見て取れる。
　元々、戦後の高度成長期に団地開発をはじめとして急速に成長した郊外であったが、半世紀あまりが経過し、さまざまな課題を露呈し始めた。エレベーターもない5Fの建物は、他物件と比較して劣後し新たな入居者の獲

得は困難を極め空室が目立つようになり、近隣住区論（1小学校学区程度のエリアで徒歩にて生活を完結できるようにする）に基づく商業区画は、ロードサイド型店舗や大型商業施設・モールに顧客を奪われ、空き店舗が目立つようになり、中にはゴーストタウン化しているものもある。あるべき姿として整備された街であったが、自家用車の急速な普及と店舗側の創意工夫もあって、人々の生活スタイルは計画者が思い描いたようにはならなかった。

　多摩田園都市開発のピークは1970年代であった。58の土地区画整理事業のうち28がこの10年間に完成し、急速な人口増加を示した。1980年代にかけてもその傾向は継続し、横浜市青葉区・緑区をはじめ東京都多摩市や川崎市麻生区といった「田園都市」的開発のあった自治体の人口の伸びは高くなっている。1990年代に入るとより遠方の埼玉県白岡市や東松山市、千葉県四街道市や佐倉市といった距離帯のエリアが成長するが、一方では都心部、東京23区の人口が減少傾向にあった。郊外に住み都心に働くという日本型TOD都市構造が進捗することは、合わせて人口ドーナツ化＝都心空洞化が進むことも意味し、これを好ましくない流れともとらえられ、都心で一定規模以上のオフィスビルなどの建設・開発を行う事業者に対し、開発に対して一定数以上の住宅も合わせて建設することを義務づける「住宅付置制度」が定められたのはこの時期であった。

　1990年代中頃になると人口トレンドは一変し、郊外よりも都心の伸びが高くなる「都心回帰」傾向が顕著になってくる。女性の社会進出が進み共稼ぎ世帯が増えてきたことが影響しているのだろうか、夫、妻、子どもたちそれぞれにとって都合の良い最適立地として都心に近いエリアが選ばれるようになってきた。住民基本台帳人口データによれば、今から約20年前、2000〜2005年の5年間の都心5区（千代田、中央、港、新宿、渋谷）の人口は3.3％増、多摩田園都市のある横浜市青葉区の同時期の人口増8.1％と比較して半分以下でしかない。10年後の2010〜2015年になると都心5区が7.1％、青葉区が2.4％と立場が逆転する。

　続く2015〜2020年になると伸びは低下し5.1％になるが、それでも、成熟化が進んだ青葉区の0.4％を大きく上回った。テレビドラマ「金妻」が人気を博した1983年頃、典型的な郊外居住ファミリーは毎朝働きに出るサ

ラリーマンの夫と昼間は家や近所の人々とのコミュニティで過ごす専業主婦としての妻、私立の進学校や塾に通う子どもたちで構成された。いわゆる「田園都市ファミリー」は、1988年8月の東急社内報「清和」に掲出された「多摩田園都市外史」によれば、以下であったと言われている。

・お金や時間を注ぎ込んでも惜しくない趣味を持っている。

・美術、工芸品は少々高くても買う。

・仕事や家庭と関係のない勉強会や趣味の会に入っている。

・美術展や音楽界によく行く。

・感性豊かな、知性ある生活を追求するよう心掛けている。

・絵画やスポーツは何でもこなす。

　ところが、1986年の男女雇用機会均等法施行以降、男は会社で女は家という「当たり前」は「当たり前」ではなくなる。最近では、むしろ夫婦共働きが当たり前の世の中になった。このような家族では、それぞれの構成者が独自の交流ネットワークを持ち、どこに住むべきかの選好は人によって異なるようになる。この状況での居住地選択は、環境は良くても利便性に劣る郊外よりも、皆が便利な都心に近いエリアを選ぶようになってきた。共働きの「パワーカップル」なので世帯年収は高く、比較的高価な都心型物件でも入居が可能であること、都心部各区が保育所待機児童減を主要な政策として掲げ、子育て世代の獲得に熱心であったことも影響しているであろう。

　渋谷駅を中心とした約2.5km圏の「Greater SHIBUYA」で町丁別の住民基本台帳人口の伸びを調べると、1995〜2020年で、港区北青山一丁目が2.6倍、品川区上大崎二丁目が2.1倍、目黒区青葉台四丁目が2.0倍、港区西麻布四丁目が2.0倍、渋谷区神宮前一丁目が1.9倍と高い伸びを示した。また、横軸に都心からの距離を、縦軸に人口伸び率を取って各自治体の位置を示す散布図を見ると1985〜1990年と2015〜2020年の差は一目瞭然である。

　昭和の時代に成長を謳歌した郊外は平成の時代を経て鳴りを潜め、令和になると、人口成長率から見た「勝ち組」と「負け組」の差がはっきりと観察されるようになった。これがコロナの前の状況であった（図2.5）。

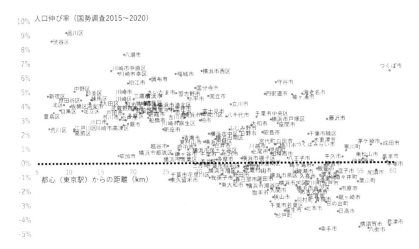

図2.5 都心からの距離と人口伸び率①
（2015〜2020、1都3県プラス茨城県南部238市区町村別、〜60km）

　この都心優位の構図をコロナは一変させた。アクセスが良く便利である一方、コストは高く、その結果住居は狭くなってしまい、自然の豊かさには劣るという側面があったが、加えてパンデミックリスクを回避するという価値観も加わることより、居住の流れは再び郊外へと向かった。

　住民基本台帳人口データを見ると、転入超過が続いていた東京23区人口は2020年7月から転出超過へと変わり、その分、23区以外の東京圏人口の伸びが大きくなっている。「散布図」を見ると、コロナ前にはっきりしていた「勝ち組」と「負け組」の差はなくなり一体化する（図2.6）。

　ただ、その中でも流山市、印西市、つくば市といった子育て世代に選ばれる街として評価を受けている自治体が突出していて、あとは都心から郊外まであまり差のない一団を形成するように見えるが、都心からの距離が離れるにつれ、国分寺市、柏市、千葉市美浜区（幕張新都心あたり）、八千代市、大和市、守谷市、海老名市といった自治体の成長も目立つ。全体的に人口増の重心は、西から東（つくばエクスプレスや北総鉄道）にシフトしているように見える。

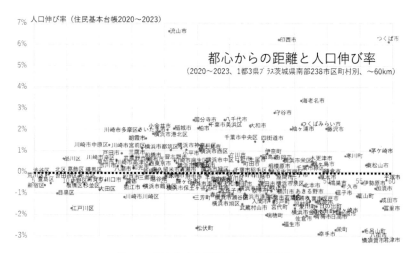

図 2.6　都心からの距離と人口伸び率②
（2020～2023、1都3県プラス茨城県南部238市区町村別、～60km）

　この散布図の面白さは、「沿線」の比較ができるところにある。図では東急田園都市線の他、JR東海道線と東武東上線の特徴を描いている（図2.7、2.8）。

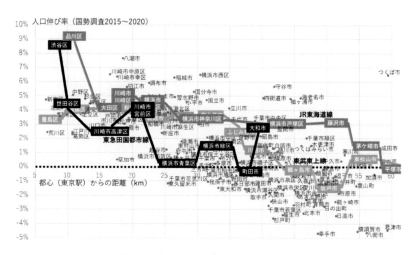

図 2.7　都心からの距離と人口伸び率③
（2015～2020、1都3県プラス茨城県南部238市区町村別、～60km）

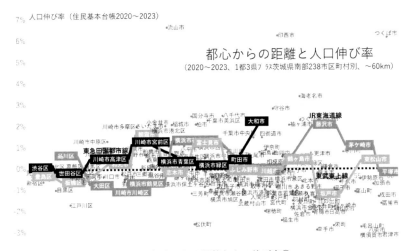

図2.8　都心からの距離と人口伸び率④
（2020〜2023、1都3県プラス茨城県南部238市区町村別、〜60km）

　コロナ前の2015〜2020年、かつて成長した多摩田園都市、すなわち横浜市青葉区あたりの人口伸び率は沈静化し、東海道線（神奈川区）や東上線（志木市）を下回っている。大和市の人口は伸びていてこの両線に追いつく。東海道線と東上線はより遠方まで延びるが、戸塚区・藤沢市・茅ヶ崎市と鶴ヶ島市・坂戸市・東松山市の顕著な違いが確認できる。「湘南」エリアのブランド力によるのであろうか、この傾向はコロナ後においても変わっていないようだ。TOD都市構造分析における基本地域単位とも言える「沿線」の特徴を浮き上がらせる上で有効な分析手法と考えられる。都市再生政策の後押しもあり、民間デベロッパー主導の都市開発により成長を謳歌した都心部は一転して「試練の場」を迎えることになった。高度経済成長期からずっと東京他の大都市を支えてきた郊外＝住む、都心＝働くという単純な機能分担の構図ではなくなってきている。モビリティも朝は郊外→都心、夕・夜は都心→郊外が圧倒的な主流派だったのが、これからはより多様なニーズにも応えなければならないであろう。TODは新しい局面、"TOD 4.0"を迎えた。事業者の観点からも、当面の切実な課題としての運賃収入減対応のための経営効率化はもちろん、新しい都市構造を見据えた新たなビジネスチャンス開拓・獲得のための戦略が求められている。

2.3 「サステナブル」なまちづくりとは

　サステナブル＝持続可能な、がまちづくりにおけるキーワードとして認識されるようになって久しい。とりわけ公共交通が自家用車と比較してエネルギー消費効率に優れることより、TODの推進が鍵となる。ここでは、昨今、メディアなどでも多く取り上げられる「サステナブル」論の潮流を踏まえて、まちづくりとの関連について述べる。

2.3.1 SDGsの理念・気候変動への対応

　元々コロナ禍とは全く無関係だが、昨今、企業や個人の行動規範として重視されるようになったのはSDGsの理念である。この傾向はコロナ禍により一層拍車がかかってきた。SDGsとは、「持続可能な開発目標 (Sustainable Development Goals)」の略である。2015年9月の国連総会で採択された「我々の世界を変革する：持続可能な開発のための2030アジェンダ (Transforming our world：2030 Agenda for Sustainable Development)」で示された2030年に向けての具体的行動指針で、次の17の達成目標が示されている。

1. 貧困をなくすこと（No Poverty）
2. 飢餓をなくすこと（Zero Hunger）
3. 健康であること（Good Health and Well-Being）
4. 質の高い教育（Quality Education）
5. ジェンダーの平等（Gender Equality）
6. 清潔な水と衛生（Clean Water and Sanitation）
7. 再生可能エネルギー（Affordable and Clean Energy）
8. 適切な良い仕事と経済成長（Decent Work and Economic Growth）
9. 新しい技術とインフラ（Industry, Innovation and Infrastructure）
10. 不平等を減らすこと（Reduced Inequalities）
11. 持続可能なまちと地域社会（Sustainable Cities and Communities）
12. 責任を持って消費すること (Responsible Consumption and Production)
13. 気候変動の対策（Climate Action）

14. 海のいのちを守ること（Life Below Water）
15. 陸のいのちを守ること（Life on Land）
16. 平和で公正な社会（Peace, Justice and Strong Institutions）
17. 目標のために協力すること（Partnership）

　これら17の目標に付随する形で合わせて169の達成基準が設定された。国連は全ての国にこの理念への賛同を呼びかけ、国だけではなく民間企業や市民活動団体も含め、あらゆる人々が参画する行動計画の立案・実施を促した。

　2021年7月に株式会社東急総合研究所（以後「東急総研」）が実施したweb調査（対象：東京80km圏、N=3,363）によれば、SDGsの認知率は77%、共感率は65%であった。SDGsの目標別に見ると、上位3位は「健康であること」、「清潔な水と衛生」、「貧困をなくすこと」と生きていく上で欠かせないこと、最低限のウェルビーイング確保のために欠かせない項目が並び、下位3位は「ジェンダーの平等」、「持続可能なまちと地域社会」、「目標のために協力すること」と、これからの社会価値を高める上で重要であることではあるものの、上位の3つと比較すると、優先順位は劣ると感じられているようだ（図2.9）。

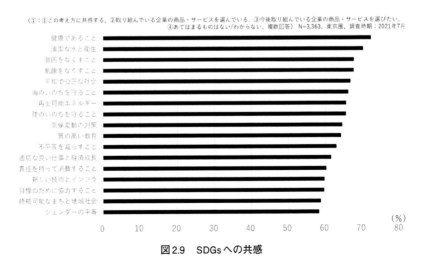

図2.9　SDGsへの共感

SDGs目標は17あるが、円盤状の輪が3層重なる構造を「ウェディングケーキ」とたとえる整理もある。基盤となる下からBIOSPHERE（生物圏：陸のいのちを守ること、海のいのちを守ること、清潔な水と衛生、気候変動の対策）、二番目にSOCIETY（社会：貧困をなくすこと、飢餓をなくすこと、健康であること、質の高い教育、ジェンダーの平等、再生可能エネルギー、持続可能なまちと地域社会、平和で公正な社会）、一番上にECONOMY（経済：適切な良い仕事と経済成長、新しい技術とインフラ、不平等を減らすこと、責任を持って消費すること）となるが、共感率はBIOSPHERE（67%）＞SOCIETY（65%）＞ECONOMY（61%）と上から下に向かう順に高くなる。

この調査では、東京圏における鉄道沿線比較が可能なように、各沿線において150くらいのサンプルを確保したが、SDGsをはじめとした「サステナブル」関連キーワードの認知率、SDGsへの共感率ともに東急沿線は高いことが確認された（図2.10）。

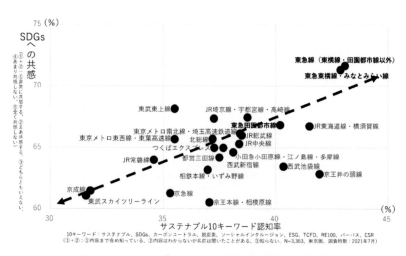

図2.10 サステナブルキーワード認知率とSDGs共感率

本書においてTODまちづくりの先駆者として歴史を振り返ってきた東急であるが、沿線住民のサステナブルに対する知識・意識ともに高いことがわかる。資質の水準は高いが、裏を返せば事業者に対する視線も厳しい、

ということも想像できる。

　SDGsについてわが国では、国のイニシアチブのもと横浜市や北九州市のような先進的な地方自治体が先行したが、その後、多くの民間企業も賛同、参画することとなり、今では、この発想なくしての公共政策や経営戦略はあり得ないとまで言われるようになった。まちづくりにおいてもSDGs、すなわち「サステナブル」は、活動意義を確認し、目標やコンテンツを定めていく上で、その拠り所とすべき理念として欠かせない存在である。ただ、サステナブルの発想は必ずしも2015年の国連総会から始まったものではない。サステナブル＝SustainableはSustain（持続する）とable（できる）の組み合わせであることより、「持続可能な」とも表現されている。これはすなわち、次の、あるいは、またその次の世代まで豊かな生活を続けられるように地球の環境を保全し、資源も浪費しないようにしよう、という前提で、人々の行動規範や経済活動のルールなど、世の中をどのようにしていこうかというものである。経済の過度な成長を継続することが実はサステナブルではないのでは、という問題意識は以前からあった。

　1962年、レイチェル・カーソン著の『沈黙の春』においては農薬の残留性などがもたらす生態系への影響が社会的に大きな議論を呼び、その後、高まる環境運動の源流になった。10年後の1972年、ローマクラブは『成長の限界（The Limits of Growth)』において、人口増加や環境汚染などの傾向が続けば100年以内に地球上の成長は限界に達する、と警鐘を鳴らしている。今から約半世紀以上前、ということは東京郊外において多摩田園都市をはじめとした住宅地開発がピークを迎えていた時期だが、この頃から、世界を見渡すと既に高度経済成長への懸念は芽生えていた。その後、1980年代になるとCO_2排出による地球温暖化問題が顕在化した。レイチェル・カーソンが注目したのは農薬だが、他にも大気汚染など公害による健康や生態系への影響減や、資源の枯渇を避けるべく省資源やリサイクル意識の高まりに加え、温暖化防止に向けた温室効果ガス削減すなわち省エネルギーへの意識も高まってきた。1988年に設立された気候変動に関する政府間パネル（IPCC：Intergovernmental Panel on Climate Change)は1990年に、21世紀末までに地球の平均気温が約3℃上昇、これに伴い海面が約65cm上昇すると発表した。それまで拮抗していた「地球寒冷化」

説とのバランスは崩れ地球は温暖化しつつあるという方向で社会的通念は収斂する。

　1992年にリオデジャネイロで開催された「地球サミット」（環境と開発に関する国際連合会議）において、気候変動枠組み条約が採択され、温室効果ガス排出削減に向けた政策措置や効果の検証を通じて地球温暖化対策を世界規模で進めることが確認された。1990年代、地球温暖化についての議論はますます高まる。1997年の気候変動枠組条約締約国会議（COP3：COPはConference of the Partiesの略）において、初めて具体的に排出量の削減を義務づける内容を盛り込んだ「京都議定書」が議決された。2008〜2012年、ということは、議決後10年程度以内に先進国全体の温室効果ガス排出量を1990年比で5％削減しようとするものである。しかし、世界各国の足並みはなかなか揃わない。義務のない中国の排出量は激増、米国も離脱するなど混迷の状況となったが、京都議定書から10年後、2007年にドイツのハイリゲンダムで開催された第33回主要国首脳会議において、温室効果ガスを2050年までに半減するというより長期で挑戦的な目標が合意された。

　その後、海面上昇や台風災害の激甚化など地球温暖化の影響と見られる事象が身近でも顕在化してきたこともあり、気候変動対応についての議論はますます高まる。IPCCは第5次評価報告書（2014年）において、これからの100年間でどのくらい気温が上昇するのか4つのシナリオを提示した。現状を追従するだけでは最も高い4℃上昇シナリオとなり、暑熱や洪水など異常気象による被害、サンゴ礁や北極の海氷などへのリスク、マラリアなど感染症の拡大、作物の生産高減、利用可能な水減少、生物多様性の損失、海面水位上昇、多くの種の絶滅、食糧生産の危機、といった社会や環境への影響が深刻化すると指摘されている。IPCCの特別報告書（2019年）によれば、温暖化が最も深刻化した場合の2100年の世界を以下のように予測された。

・平均海面水位は最大1.1m上昇する。
・沿岸の湿地は海面上昇により2〜9割が消失する。
・欧州やアジアなど規模の小さな氷河のほとんどが8割以上溶ける。
・海面の上昇により生態系に影響が及び、漁獲量は最大24％落ちる。

・1年あたりの沿岸の浸水被害は現在の100〜1,000倍に増加する。

・海洋熱波が約50倍の頻度で発生する。

・永久凍土の融解が進み、小さな湖が増える。

・グリーンランドや南極の氷床の融解が加速する。

　深刻な影響を軽減し、人々が豊かさを実感できる健全な社会を持続していくためには少なくとも気温上昇を2℃未満に抑えることが必要で、そのためには2050年までに世界の温室効果ガス排出量を2010年比で4〜7割削減しなければならないと明示された。容易ではない目標を達成しなければならない危機感を皆が持つようになってきている。

　IPCCによる予測は、年を経るにつれて厳しくなってきた。2018年には目指すべきシナリオとして2℃ではなく1.5℃以内であるべきと公表、そのためには、温室効果ガス排出を2010年比で2030年までに45%減、2050年には実質ゼロにすべきとされている。2021年には、1.5℃上昇に到達する時期が2040年と、10年ほど前倒しされてくると予測した。さらに、2023年、1.5℃達成のためには、温室効果ガス排出量を2035年に2019年比で60%減が必要とされている。

　COP26議長の英国シャーマ前民間企業・エネルギー・産業戦略相は「次の10年が決定的に重要」と言及した。とある境を越えるといかなる努力をしても元には戻れない、いわゆる「ポイント・オブ・ノーリターン」が間近に迫っている。「ティッピングポイント」とも呼ばれ、北南両極の崩壊による急激な海面上昇やアマゾン流域の広範囲における立ち枯れ病による生態系の変化など、これを超えると非直線的な変化を引き起こす「臨界点」だ。そして、2021年、英国で開催されたCOP26において、世界の平均気温の上昇を1.5℃に抑える努力を追求する、とした成果文書が採択された。2050年あるいは、2040年と言えばまだまだ先と印象づけられてしまうが、何かを変えなければならないタイミングは、まさに「今」である。

2.3.2　CSRからESGへ

　地球規模での問題に取り組むにあたり、民間企業の役割は小さくない。むしろ主導的な牽引役として期待されている。企業の社会的責任（CSR：

Corporate Social Responsibility）の議論が始まったのは、温暖化の問題が顕在化してきた1990年代のことであった。COP3やIPCCの活動を通じた地球規模での環境問題が取り沙汰される中、バブル経済崩壊後、何故今環境活動を？とややモヤモヤした空気はあったものの、意識の高い先駆的な企業は、環境マネジメントシステムISO14001の取得や環境報告書の発行など具体的な動きを見せ始める。CSRは企業が利潤を追求するだけではなく、社会の一員として組織としての活動に責任を持ち、全てのステークホルダー、すなわち顧客、株主、投資家に加え企業を取り巻く社会ニーズに応えるというメッセージである。

　具体的には、省エネルギーやリサイクルへの取り組みに加え植樹や清掃といった地域社会との共生を目指したものも含むが、単なる「慈善事業」ではなく、このような社会貢献を通じて企業の評価やプレゼンスが上がり、従業員の意欲向上、さらには新規事業領域の開拓が期待できるのではというモチベーションも働いた。CSRによる社会課題解決は「費用」ではなく、「投資」であるという考え方である。まちづくりの観点からはそれまで行政や地域により担われており、民間としてはデベロッパーや鉄道事業者に限定されていた場に、さまざまな業種業態の企業が参入するようになった。バリアフリーはその好例だが、CSRを通じて新技術の実装やテストマーケティングを行える場として街や駅の存在感が浮上してきた。

　21世紀に入ると、この社会課題解決型投資市場に金融が本格的に参入する。いわゆるESG投資である。ESGとは、環境（Environment）、社会（Society）、ガバナンス（Governance）の頭文字を取った言葉で、その始まりは2006年の国連責任投資原則であった。PRI（Principles for Responsible Investment）とも称される金融ガイドラインは、当時の事務総長コフィー・アナンにより提唱されたもので、法的拘束力のない任意のものだが、特に2008年のリーマンショック以降、金儲け第一の短期的視野ではなく、持続可能な社会の構築に貢献するのかどうかという長期的視野で企業を選別する視点として、広く機関投資家たちの賛同を得るようになった。

　わが国でも2014年の経済財政諮問会議で安倍首相が、中長期的視野で責任ある機関投資家の拡大を促進すべき、とESG投資を積極的に行うよう言及するなど、金融市場における「サステナブル」の比重は一挙に高まる。

CSRの萌芽期にあった社会課題解決のための貢献＝慈善事業的コスト、というものではなくSDGsに理念に則る企業活動・事業が経営戦略の一環として位置づけられ、金融市場からのESG投資の対象、すなわち資金調達のための有力な手段の1つとなったことを意味する。SDGsは、国連総会採択の2015年直後は「とにかく信じて進めよう」を信条とした「宗教」のようなものであったが、ESG投資の枠組みのもとにおいては、社会と企業、そして、金融を結びつける「共通言語」になった。

従って、「サステナブル」の視点なくしての経営はあり得ない状況になっている。このような経営のためには、まずは「パーパス」とも呼ばれる企業の存在意義、あるいは、「志」とでも言えるものを再定義する必要がある。パーパス＝Purposeは、直訳すれば「目的」とか「意図」という英単語だが、経営戦略やブランディングのキーワードとしても用いられ、組織の構成員全ての心を揺さぶり、高揚感を実感しつつ自分ごととしてとらえ行動することを目指すところにある。何故企業として存在し成長を目指すのか考えるDNAとでも言えよう。短期的視野での利潤・配当追求型のシェアホルダー重視から中長期的視野での社会課題解決型の多様なステークホルダー重視型企業経営スタイルの移行、そして、働き方の大きな変革の兆しが見えるコロナ後のニューノーマルを間近に控え、改めて見直すことを意味する。これまで「良かれ」と信じて突き進んできた通念が崩壊し、そもそもの企業の存在意義を再定義する上で適正なタイミングではないか。

かつての日本企業はお互いに株を持ち合い、「メインバンク」と呼ばれる金融機関のアドバイスによる経営が主流であったが、今はESG投資家も含め資金調達手段が多様化した。加えて、経営における社外取締役の比重も高まる中、事業構造のアカウンタビリティがより一層求められるようになってきた。さまざまな業種業態の事業を束ねるよりも、連結決算対象の企業グループお互いに事業間の相乗効果を発揮し、それぞれの事業の価値合計値を上回る企業価値をもたらす、いわゆる「コングロマリットプレミアム」（逆に企業の価値が構成する事業価値の合計値より低い場合は「コングロマリットディスカウント」と呼ばれる）が重視される。再定義されたパーパスに基づき、構成すべき事業はどのようにあるべきなのか、また、このあるべき姿にどのように導くのか、がサステナブル経営の根幹である。

　注目すべきは、「Z世代」と言われている1990年代後半以降生まれの世代の比重・存在感が高まっていることにある。この世代は生まれた頃からインターネットが使えたことから、「デジタルネイティブ」とか「スマホネイティブ」と呼ばれるが、同時に、生まれた頃からサステナブル的思考を重視する環境で育ってきたこともあり「SDGsネイティブ」である。実際、東急総研による先述のwebアンケート調査によれば、「サステナブル」という言葉の認知率は若年層、すなわち10代で83%、20代で73%と、40代（64%）、50代（66%）、60代（67%）よりかなり高くなっている。

　たとえば、Z世代の代表とでも言うべきスウェーデン人のグレタ・トゥーンベリは2017年、15才のときに「気候のための学校ストライキ」の看板を掲げ、より強い気候変動対策を議会の前で呼びかけたことで有名人になった。トゥーンベリの「大人が私の未来を台無しにしようとしている」というメッセージはSNSなどを通じて世界中に拡散、たとえば、国連事務総長のアントニオ・グテーレスが「私の世代は気候変動の劇的な課題に適切に対応できていない。彼らが怒っているのも不思議ではない」と述べるなど広く共感を集めた。この世代の人々は社会課題に敏感である。消費者＝労働者＝企業の雇用者であるとの前提で、企業に雇用されて環境破壊に加担することを忌避するとともに、逆に環境をはじめとした課題を解決し地域社会と共生する姿勢には共感する。つまり、サステナブル経営は顧客にそれぞれの企業が生み出す価値をアピールし、この「共感」を以て収益基盤を強固にするとともに、優秀な人材を集めることにより、持続的に成長するものである。

2.3.3　脱炭素社会実現に向けた発想の転換

　もちろん、SDGsの全てが温室効果ガス削減による気候変動リスクの低減ではない。17の目標は多岐にわたり、誰一人取り残さない、全ての人々が社会への参画機会がある「D&I：Diversity and Inclusion」（多様性と社会的包摂）の実現を目指す。ESGも環境、社会、ガバナンスより成り、「環境」の中心は地球温暖化による気候変動を軽減するべく「脱炭素」や「カーボンニュートラル」と呼ばれる温室効果ガス削減であるが、「社会」と

なると、焦点はたとえば、児童の強制労働や少数民族迫害といった人権上問題のある商品の排除やソーシャルインクルージョン、すなわち誰もが参加できる世の中であることだ。TODまちづくり視点では、かねてより進められてきたバリアフリーをハード、ソフト両面からさらにレベルアップし、たとえば、車椅子利用者であっても健常者と同等に活動でき、特別扱いしない街とすることを意味する。車椅子利用者の中で最も居心地の良い場所として東京ディズニーランドが挙げられるようだが、このように「インクルージョン」＝誰からも「選ばれる」街となることが「サステナブル」であると言えよう。

　最後に、「企業統治」とも訳されるガバナンスだが、ESG投資家が最も重視する項目で、社外取締役や女性管理職の数・割合などがKPIとして評価され、日本証券取引所グループ（JPX）は「会社が株主をはじめ、顧客・従業員・地域社会などの立場を踏まえた上で、透明・公正かつ迅速・果断な意思決定を行うための仕組み」と定義している。多様なステークホルダーを意識することが企業価値向上に結びつくことを意味し、「街」から見ると、これまでは鉄道やデベロッパーなどまちづくり参入企業は限定的であったところに、さまざまな業種業態のプレイヤーの参加も予感できる状況になってきた。担い手が変わりつつある。

　サステナブル経営において脱炭素は盛り込むべき要素、掲げるべき目標として欠かせないことなど、会社が重要と認識する関連社会課題を「マテリアリティ」と呼ぶが、統合報告書などを通じたステークホルダーとのコミュニケーションを図る上で特定するにあたり、温室効果ガス排出ネットゼロによる気候変動への貢献を明確に位置づける企業が増えている。いわゆる「RE100」宣言である。RE100と言えば、菅 義偉元首相が就任直後2020年10月の施政方針演説で「目指す」と言及した2050年までに温室効果ガス排出を実質ゼロ（その後、2021年4月の気候変動サミットで2030年までに2013年度比46％減）がまずは思い浮かぶが、それに先駆け、既に多くの企業がRE100を宣言した。菅演説の3年半前、2017年4月にリコーが日本企業としては初めてRE100宣言（達成期限2050年）したのに始まり、その後、フォロワーが相次ぎ、2023年3月には78社となり国別社数で日本は米国に次ぐ第2位になっている。

　RE100の流れは自社の企業活動のみには留まらない。たとえば、アップル社は2016年9月、自社におけるものはもちろん、再生エネルギー100％をサプライチェーン全体へと拡大すると宣言、実際、ガラス板、アンテナ用バンド、アルミケースなどiPhone向けサプライヤーが次々とRE100に向けた取り組みを公約している。いわゆるバリューチェーン全体でのカーボンニュートラルを目指す「スコープ3」である。「スコープ」とは「視野」のことで以下の3段階ある。

・スコープ1：燃料などの使用による直接排出
・スコープ2：自社が供給を受けているエネルギー会社の排出
・スコープ3：自社バリューチェーン全体からの排出

　たとえば、車製造業から見れば、製造し顧客に引き渡した時点までがスコープ2で、購入した車を乗ることにより排出されるCO_2はスコープ3に該当する。TOD事業者に置き換えれば鉄道、都市開発、リテールといった事業そのものだけでなく、沿線に住む人々、営む経済活動全てから排出されるCO_2を低減、ゆくゆくは実質ゼロにしようとする姿勢ではないか。これが社会からの共感を集め、企業は持続的に成長する。先述したように、これからの10年が重要であるという喫緊の課題であるならば、今まさにできることから始める、という発想が必要である。この観点より、TODまちづくりを通じた人々の行動変容への期待は大きい、と考えられる。

　ところで、鉄道事業者の2022年度統合報告書（東武は社会環境報告書、京王は安全・社会・環境報告書、西鉄はCSR（ESG）報告書）を概観すると、脱炭素他環境関連テーマとともに、以下の通り地域社会との共存共栄をマテリアリティとして掲げている。東武：地域社会の持続的発展、西武：沿線・周辺自治体活性化、京王：多世代が生活しやすい沿線づくり、地域社会への貢献、地域社会・行政との連携、小田急：社会・地域軸（事業を展開する場合に、単体の収益だけでなく、沿線や事業を展開する地域に価値を生み出す事業を進める）、東急：まちづくり、京急：地域社会との発展と共生、相鉄：地域社会への貢献・持続的な生活インフラの整備、JR東日本：地方創生、東京メトロ：まち（都市・地域の魅力度向上）、名鉄：地域価値の向上、JR東海：地域の活性化（沿線地域社会・経済の発展）、近鉄：ネットワークの充実による元気なまちづくり、南海：賑わいと親しみのあ

るまちづくり、京阪：地域社会の持続的発展への貢献、阪急・阪神：豊かなまちづくり、JR西日本：地域共生、西鉄：持続可能で活力あるまちづくりへの貢献、JR九州：持続可能なまちづくりと記載があったが、いずれも沿線まちづくりに向けた意欲がうかがわれる。

2.3.4　求められる価値創造

　大事なことは、企業側から見たサステナブルへの貢献をコストではなく事業戦略の根幹に据えることである。そのためには、まずはリスクをしっかり認識、計量化しなければならない。

　TCFD（Task-force on Climate-related Financial Disclosures）への賛同企業が増加してきていることは、この典型的な事象と言えよう。「気候関連財務情報開示タスクフォース」と訳され、G20の要請を受けて各国の中央銀行などで組織化された金融安定理事会が2017年の最終報告書に盛り込んだもので、気候変動関連について1. ガバナンス、2. 戦略、3. リスクと管理、4. 指標と目標について開示することを奨励したものである。要は、気候変動リスクについて、どのように特定、計量化、評価し、それを低減しようとしているのか、リスクだけではなく機会について短期、中期、長期の視点でどのような指標で判断し、どのような体制で検討し企業経営に反映、目標達成進捗を評価しているのか、プロセスと結果について統合報告書などのメディアを通じてステークホルダーに伝えているのか、ということがESG投資家による企業評価上重要な視点になってきている。

　TCFD提言では、気候変動リスクを「物理的リスク」と「移行リスク」に大別する。物理的リスクは気温上昇がもたらす台風や洪水被害の頻発化による直接的な被害や資産価値低下が代表的なものである。暑熱の影響や気候パターンの変化がもたらす収益の低下なども考えられる。一方、移行リスクは脱炭素社会への移行に伴い発生してくるリスクで、たとえば、炭素税の導入が挙げられる。もちろん、災害への備えをきっちりやっておくことなど物理的リスクに対応するべく事業構造を強靭（レジリエント）なものとし、事業継続計画（BCP）に反映しておくことが重要な経営課題であることは言うまでもないが、加えて、移行リスクに対して前向きに対応

することにより、リスクを機会へと「変換する」発想も欠かせない。何故ならば、この中身を見ると、脱炭素技術革新に乗り遅れること、消費者から見放されること、顧客や社会のレピュテーション（評価・評判）が下がることなどがあるが、逆に言えば、最先端技術を先取りし、顧客ニーズに応えられる商品・サービスを開発し、企業の評価・評判を高め価値向上へと結びつける可能性を示唆している、とも読み取ることもできるからである。

　事実、企業の中には、コスト増リスクを新たなビジネスチャンスへと変えてしまった例も確認できる。たとえば、ユニクロは不要となった衣料品を回収・リサイクルする取り組みを始めた。2020年11月にはリサイクルダウンジャケットを発売している。同じようにIKEAは従来の「売切型」からリサイクルを重視した循環型ビジネスモデルに転換することを公表、2020年秋にはリサイクル品や再生可能素材を使用した「サステナブル商品」のみを販売する店舗を始める、としている。ビジネスモデルの転換である。また、パタゴニアは創業以来続けてきた修理の取り組みを「WORN WEAR」と名づけ、旗艦店でもある渋谷キャットストリートの店の1Fを古着専門の期間を設けるなど、リサイクル商品の販売を事業の根幹に位置づけるようになった。このような事例を見ると、これまで、消費者が商品を選択する際に、価格とその商品の持つ使用便益に、社会的価値も加えたマーケティング・プロモーションが主流になったことを感じさせる。

　従って、脱炭素・カーボンニュートラル社会を目指すという今の潮流は、エネルギー消費効率に優れた公共交通を基軸とするTOD事業者にとっては追い風になる、という見方ができる。人々の意識が変わり、行動変容、すなわち自家用車から鉄道やバスへと交通機関の転換が起これば、つまり、事業としての収益増へと結びつくからである。もちろん、EVや水素車の普及があれば、自家用車の相対的優位性も上がってくるとも考えられるが、それなりの時間も要す。

　今まさに正念場の「ポイント・オブ・ノーリターン」であれば、この移行（トランジション）に要する時間はもったいない、と考えられる。TOD事業者はじめさまざまな主体が中心となり呼びかけ、サステナブルなモビリティとは？という問題提起をすべきではないか。たとえば、郊外ではよくある話だが、自家用車で15分だけどバスと鉄道を乗り継ぐと30分、な

んてケースがある。この場合、公共交通での所要時間は倍だが、その差は
わずか15分だ。駅周辺を通過することにより何かのメリットもあるかもし
れない。このような行動を奨励し導くことにより、新たなビジネスを開拓
できるチャンスである。

　一方では、統合報告書には美辞麗句が並べられてはいるものの、内容が
伴っていない、あるいは、明らかに誇大な数値となっているなどのいわゆ
る「グリーンウォッシュ」批判の対象になってしまうリスクにも留意しな
ければならない。差は紙一重である。この課題解決の鍵と考えられるのが、
今、多くの企業が自らの価値向上に向けた経営戦略に取り入れようとして
いるCSV（Creating Shared Valueの略：共有価値の創造）ではないか。
「共創」の過程で「ウォッシュ」を回避する自浄作用が期待される。CSV
とは、米国の経済学者マイケル・ポーターが2011年に提唱した概念で、企
業が事業を営む地域社会の経済や社会の状況を改善しながら自社の競争力
も高めること、と定義される。TOD事業者が長い歴史の中で実践したま
ちづくり事業はこの典型と言えよう。

　CSVはESGと同様、短期的な利益追求ではなく、長期的視野での価値
創造を目指していることは言うまでもないが、重要なことは、企業が創っ
た価値を地域社会に一方的に「分け与える」だけではなく、共に創る理念
を重視することである。物、サービス、街といった全てのプロダクト・ア
ウトプットは、顧客や地域社会とともに創ることにより愛着やプライドが
持続する。

2.3.5　サステナブル田園都市モデルに向けて：駅拠点化とエリマネ

　「共創」、すなわちさまざまな主体が連携しながらの価値創造がこれから
のサステナブルなまちづくりのポイントである。郊外に住み都心に通勤す
る「田園都市」モデルにおいても同様だ。コロナ禍やDXの進化もあり、都
市構造は今後大きく変化することが予測されるが、街を良くするも悪くす
るも、そこで生活する人々や活動する企業などによることは変わらない。
これらのパートナーシップをそれぞれの街の「力」へと導けるのか、力を
持続させることができるのかという課題・目標を具現化できる仕組みをつ

くらなければならない。そのヒントは、駅を中心としたまちづくりにある。

　渋谷から東京南西部郊外の多摩田園都市に至る軸の特徴は、計画的に整備されてきた郊外住宅地、都市再生の枠組みを活用した都心側拠点（渋谷：特にオフィス）、効率的に都心と郊外を結ぶ鉄道、鉄道沿線上に展開されるいくつかの主として商業を中心とした近郊・郊外型拠点にある。拠点整備は、駅と隣接する開発地を一体的に整備し、どこまでが駅でどこからが駅前なのかよくわからない空間デザインとし、そして、これらを中心としてエリマネ的活動を展開している。たまプラーザや南町田の駅は、鉄道を単なる「運輸業」としてとらえたとした場合においては、一見して不要にも思える大空間となっている。駅に求められる役割は鉄道による移動の起終点としてのみであれば、過大かもしれない。

　一方、駅は鉄道から街への起終点、それも多くの人々が集まる街のランドマークでもあり、地域の人々の日常生活における意識の中で、駅すなわち鉄道の存在感を確固たるものとし、かつ街の中心に位置するシビックプライド（わが街の誇り）の象徴となる、TODによる田園都市の「主役」と言える。この枠組みは、駅を中心として放射状街路を配置し、中心にシンボリックなデザインの駅舎を据えた田園調布のまちづくりと軌を一にする。たまプラーザでは2013年、まちづくり担い手発掘「住民創発」プロジェクトで選定されたフラッシュモブをきっかけに、まちづくりの新たな潮流が生まれたが、駅とシビックプライドの好例と言える。

　シンボリックな駅に隣接して主として商業を核と位置づけ、これにアミューズメント、文化（劇場、ホールなど）や保育園や介護施設のような生活支援機能も加えた（二子玉川ではさらにオフィスやホテル）地域生活者のためのさまざまな機能を付加した高度利用・都市開発を行ってきた。政策的・戦略的に重要となるいくつかの拠点駅に限定されるが、これらが鉄道の軸線上に散りばめられることにより、単純に都心と郊外を往復するだけの通勤・通学だけではなく、多様なモビリティが発生する。人の流れの変化による資産稼働率の向上はTOD事業者経営の安定に寄与する。

　そして、拠点を中心としたエリマネが展開される。エリマネは「地域における良好な環境や価値を維持・向上させるための住民・事業者・地権者等による主体的な取り組み」（国土交通省、2008年）や、「特定のエリアを

単位に、民間が主体となって、まちづくりや地域経営（マネジメント）を積極的に行おうという取り組み」（内閣府、2016年）と定義されるが、目指すべきは地域価値向上にあり、まちづくりを行政に一任してしまうという人任せの価値観を改め、当事者意識を持つ多様な主体が集まるコミュニケーションの「場」を上手に運営しながら、さまざまな施策を打つというところにある。サステナブルなまちづくりに馴染む手法と言えよう。

　既に記したが、二子玉川では一般社団法人二子玉川エリアマネジメンツが組織化されており、たまプラーザでは「次世代郊外まちづくり」の活動が展開されている。いずれも、産、官、学など多様な主体をまちづくりに巻き込む上で有効なプラットフォームであり、駅ならびに周辺に投下された巨額な投資を地域で共有することにより価値向上へと結びつける、いわゆるVFM（Value For Money）を極大化できる枠組みである。

　但し、このVFM評価は簡単ではない。エリマネを組織化した場合、組織として収支相償うことも求められる。部門や階層が明確化している行政組織や企業のように指揮命令系統が必ずしもしっかりしていないので、意思決定・合意形成には時間と手間もかかる。大きな事業遂行を目的としたものではなく、むしろ事業としては一段落した後立ち上がったので、モチベーション維持の目標設定は困難である。加えて組織間の軋轢や人間関係の問題もあり、円滑な運営は容易ではない。

　それでも何故、各所でエリマネが立ち上がってきているのであろうか？

　理由は、歴史ある確立された組織だけでの社会課題解決は困難であり、逆に言えば解決困難な社会課題が解決すべき主要なものとなってきており、将来にわたり持続可能なコミュニティとしていくためには、これら課題の解決を通じてさまざまな主体が連携する構図が必要、と思われているからではないか。

　エリマネ運営における共通課題の例として、公共空間の活用・多目的利用がある。二子玉川では多摩川の河川敷が対象となるが、他にもたとえば、渋谷では道路空間を活用した音楽祭などがあるように、道路、河川、空間といった公共空間を行政が単に管理するだけでなく、地域や民間も関与し多目的利用することにより、より大きな価値を生み出す。この領域には創意工夫の余地が大きくあり、活動参加者のモチベーションの源泉となり、

　その結果、これまでの事業領域境界は曖昧化、ステレオタイプ的都市マネジメントに取って代わる可能性がある。地域固有の資源を活用しながら、それぞれの条件に応じた柔軟な対応でなければならない。「サステナブル」は、TODまちづくりにおいて欠かせないキーワードであり、エリマネ手法活用の発展の余地はまだまだあると考えられる。

　そして、基本となる都市構造は、19世紀末英国でエベネザー・ハワードが提唱した自己完結・職住近接型の衛星都市、すなわち"Garden City"の発展形、いわば「ニッポン田園都市」とでも言える、駅を中心としたコミュニティが鉄道軸上に連なる「沿線」型のまちづくりであることを仮説として考える。2005年の東京急行電鉄株式会社中期経営計画において、この構造を「えんどう豆」と表現した。駅を中心とした街を「豆」に見立て、沿線地域アイデンティティを「さや」と考えた（図2.11）。

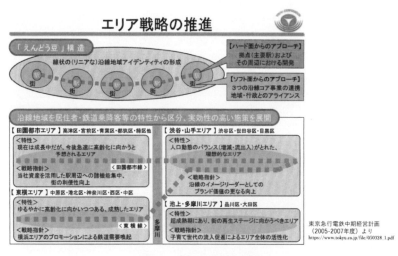

図2.11　「えんどう豆」構造

　既に駅前商店街を中心として、駅周辺にはまちづくりコミュニティが形成されているが、「沿線」という地域単位を運営・マネジメントする取り組みには前例はなかった。当時、この取り組みが将来にわたり長く持続できるサステナブル経営に繋がるであろう、という予見に基づくものであった。

　まちづくり視点での「サステナブル」とは何か？

　86〜87頁記載のSDGs17目標の中では、11の「持続可能なまちと地域社会」は直接的に街のあり方について言及している。他にも、地球温暖化・気候変動への対応、多様性を受容し誰もが平等に社会参加の機会がある「D&I：Diversity and Inclusion（多様性と社会的包摂）」、豊かさや成長を実感できることなどが関連項目として挙げられるが、本書では、以下の5項目で整理し考察することとする。

【サステナブルなまちづくりとは】

1. 環境負荷を最小限にしたレジエントなコミュニティとする
2. 「そこそこ」満足できる生活の質（Quality of Life）を保証する
3. 「そこそこ」の経済成長を実感できる
4. 最先端技術を最大限に活用する：スマートシティ・Society 5.0
5. 歴史と文化を尊重する

　先述の東急総研によるweb調査によれば、サステナブル関連キーワード認知率、SDGsへの共感率ともに東急の沿線は高いと記したが、一方で地域活動への参加率も設問としてあり、これとキーワード認知率との間には緩い負の相関関係があることも確認されている（図2.12）。

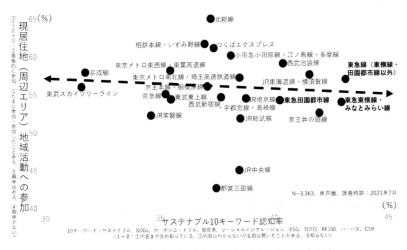

図2.12　サステナブルキーワード認知率と地域活動参加率

　つまり、知識レベルの高い東急沿線での地域活動の参加は他の沿線と比較してむしろ低くなっており、頭は良いけど体が動いていない状況である。あるいは、体が動いていないのではなく場や機会が少ない、見つけにくいのかもしれない。このアンバランスを解消することが課題なのは明らかである。また、毎年リクルート社より公表される「住みたい街ランキング」の経年変化を見ると、東急沿線の凋落は明らかである。2010年、ベスト20に9つ（横浜、自由が丘、二子玉川、代官山、中目黒、目黒、武蔵小杉、渋谷、たまプラーザ）いたのが2023年には5つ（横浜、目黒、渋谷、中目黒、武蔵小杉）へと減った。沿線で高ステイタスを誇る自由が丘と二子玉川がベスト20圏外に去って2年が経ち、同じ近郊・郊外の商業拠点である吉祥寺がベスト3以内をキープし続けているのとは好対照である（図2.13）。

「SUUMO住みたい街ランキング」より

	2010年	2012年	2014年	2015年	2016年	2017年	2018年	2019年	2020年	2021年	2022年	2023年
1位	吉祥寺	吉祥寺	吉祥寺	吉祥寺	恵比寿	吉祥寺	横浜	横浜	横浜	横浜	横浜	横浜
2位	横浜	横浜	恵比寿	恵比寿	吉祥寺	恵比寿	恵比寿	恵比寿	恵比寿	恵比寿	吉祥寺	吉祥寺
3位	自由が丘	自由が丘	池袋	横浜	横浜	横浜	吉祥寺	吉祥寺	吉祥寺	吉祥寺	大宮	大宮
4位	鎌倉	鎌倉	中目黒	目黒	目黒	目黒	大宮	大宮	大宮	大宮	恵比寿	恵比寿
5位	二子玉川	大宮	横浜	武蔵小杉	武蔵小杉	品川	池袋	新宿	目黒	目黒	浦和	新宿
6位	新宿	下北沢	自由が丘	目黒	目黒	武蔵小杉	武蔵小杉	品川	品川	品川	目黒	目黒
7位	恵比寿	新宿	新宿	中目黒	池袋	池袋	目黒	目黒	新宿	新宿	新宿	池袋
8位	池袋	二子玉川	品川	表参道	新宿	中目黒	目黒	浦和	池袋	浦和	品川	鎌倉
9位	下北沢	中野	池袋	東京	東京	東京	武蔵小杉	中目黒	池袋	渋谷	渋谷	品川
10位	大宮	代官山	表参道	鎌倉	二子玉川	渋谷	浦和	浦和	中目黒	鎌倉	鎌倉	東京
11位	代官山	池袋	目黒	新宿	中目黒	自由が丘	渋谷	池袋	渋谷	渋谷	渋谷	品川
12位	中野	品川	中野	品川	新宿	新宿	目黒	東京	鎌倉	中目黒	中目黒	中目黒
13位	川崎	恵比寿	二子玉川	渋谷	品川	二子玉川	自由が丘	渋谷	中野	東京	東京	中目黒
14位	中目黒	渋谷	鎌倉	中野	鎌倉	鎌倉	鎌倉	鎌倉	武蔵小杉	武蔵小杉	武蔵小杉	表参道
15位	目黒	武蔵小杉	東京	二子玉川	中野	大宮	中野	表参道	さいたま新都心	船橋	表参道	表参道
16位	武蔵小杉	川崎	鎌倉	大宮	表参道	表参道	東京	三鷹	自由が丘	表参道	流山おおたかの森	流山おおたかの森
17位	三鷹	目黒	吉祥寺	東京	北千住	北千住	二子玉川	二子玉川	赤羽	自由が丘	さいたま新都心	舞浜
18位	品川	三鷹	銀座	三軒茶屋	北千住	中野	船橋	立川	二子玉川	中野	表参道	船橋
19位	渋谷	高円寺	荻窪	荻窪	三軒茶屋	浦和	赤羽	自由が丘	さいたま新都心	舞浜	中野	立川
20位	たまプラーザ	東京	秋葉原	三鷹	赤羽	立川	川崎	武蔵小杉	武蔵小杉	北千住	北千住	桜木町

https://suumo.jp/edit/sumi_machi/2023/syutoken/等

図2.13　住みたい街ランキング

　吉祥寺の特徴は、大型商業施設をはじめ東急百貨店の裏、通称「東急裏」のような歩いて楽しいエリアの他、井の頭公園の自然、ハーモニカ横丁のような独特の界隈性がある一角など多様性に富むことにある。このことは、昭和から平成にかけて、高級感やお洒落度で演出し期待感を抱かせることにより住民誘致したモデルは、合わせて住むことをはじめとするコスト増も招き、期待とコストの差である「価値」がむしろ目減りしたのではないか？ということが示唆される（図2.14）。

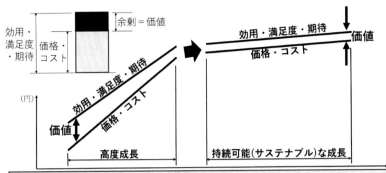

図2.14 エリア価値とは

「ジェントリフィケーション金妻モデル」とでも言える事業スタイルが崩壊したことを意味するのではないか。成長の傾きは緩くても持続的に価値を生み出し、結果「選ばれる」まちづくりとはいかにあるべきなのか？

以下、105頁に示した5項目に沿って考える。

2.3.6 環境負荷最小限のレジリエントコミュニティ

第一に、地球規模での環境変化を認識し、この解決に貢献できる都市でなければならない。さまざまな災害をもたらす気候変動の主要因である温暖化防止のため、温室効果ガス排出を削減・実質ゼロとすべく、脱炭素・カーボンニュートラルとしていくこと、これを街ぐるみで達成すべき目標として掲げ、活動を展開する意義は大きい。そのためには、街で使うエネルギーを再生可能エネルギーへと移行すべきであろう。「再生可能エネルギー」とは、利用する以上の速度で自然により補充されてくるエネルギー、と定義され、石炭や石油を燃やすことにより温室効果ガスを排出するのではなく、太陽光、水力、風力、地熱、バイオマスなどを活用した発電が挙げられる。そして、生産地と消費地の距離が離れていることにより生じるロスを最小化するべく（送電ロスなど）、なるべく消費地の近くで生産すること、エネルギーの「地産地消」に近づけるべきである。

　電気やガスのようなエネルギーは、国や巨大供給会社から提供されることが安定的で、あるべき姿であるとの認識が定着しているが、サステナブルコミュニティではこの通念を覆し、そもそも自分が使うエネルギーはその地域内にて生産されるべきという発想に基づく。太陽光パネルを自宅の屋根に敷くことにより住宅単位での電力自給率を高めることはその一例だが、たとえば、ドイツでは「シュタットベルケ」というエネルギー供給の他、上下水道、廃棄物処理、公共交通などの地域サービスを担う公的な会社が900以上もあり、これらを合わせるとドイツの民間4大会社を上回るエネルギー供給シェアにもなっているように、地域に根差した組織を育成することによりエネルギーの地産地消を進めるシナリオも描ける。また、岩手県紫波町はエネルギー自給自足などサステナブルなまちづくりを進めていることで注目されているが、他の市町村と比較した最近の人口伸び率は高く選ばれる好例である。

　地産地消は、エネルギーだけではない。日常的に消費されるもの、特に食料においてこれを進める意義は大きいと考えられる。具体的には、地域内において、農業のような一次産業と生活者との距離感をいかに縮めるのかという取り組みを進めなければならないであろう。農産物の全てを広域物流に乗せて拡散するのではなく、採れた場所やその近くでも消費できるような商流や「場」づくりを進めることが課題である。他にも廃棄物のリサイクルも含め、資源の効率的な循環を促すことにより「循環型社会」の形成を目指すことが、環境への負荷を最小限とするコミュニティに向けての大きなテーマである。

　脱炭素と循環型社会に加え、大地震や気候変動に伴い激甚化する暴風雨などによる災害（Disaster）や、コロナのような感染症（Pandemic）に対応できる「強靭（レジリエント）」な、あるいは、「しなやかな」という言葉で表されるか、「備えあれば憂いなし」が具現化できている街であることがある。事実、国や自治体などから公表されているハザードマップを見ると、大都市圏既成市街地のかなりの部分が洪水浸水想定区域になっている。たとえば、渋谷から多摩田園都市へと至る「田園都市」軸上においても、途中で多摩川と交差するが、その両岸、駅で見ると二子玉川から溝の口の間は、計画規模を超え想定できる最大規模の降雨があった場合、1mを

超え「水没」するとされており、実際、2019年10月の台風19号（ハギビ
ス）襲来の際には浸水被害も発生した。

　谷底に位置しているため過去何度も台風やゲリラ豪雨で水浸しになり、
浸水被害リスクが指摘されていた渋谷駅周辺において、駅周辺の大規模改
良・開発に合わせ、4,000m³の地下貯留槽が整備された。それにもかかわ
らず、渋谷区から公表されたハザードマップによると水深3m浸水とされ
ている。前提は時間最大雨量153mm、総雨量690mmと厳しいもので（駅
部貯留槽の想定は時間降雨量50mm超）、このような条件下では「内水氾
濫」という、市街地に排水能力を超える多量の降雨があったときに排水量
が雨量に追いつかず浸水することを意味する。

　渋谷のハザードマップでは、下水化された旧渋谷川と宇田川沿いに浸水
域が線状に広がり、その結果、キャットストリートやセンター街・東急本
店方向が高リスクエリアになっている。中でも最大のリスクは渋谷駅水没
であろう。地下には東京メトロ半蔵門線、副都心線、東急東横線、田園都
市線と4つの路線が集まり、仮にここが水没してしまったら、被害は渋谷
駅周辺というローカルエリアに限定されたものではなくそれぞれの沿線上
広域に広がることが想定される。TCFD提言において、このようなリスク
を特定、計量化し事業戦略に反映、公表していくことがサステナブル経営
として推奨されることについて先述したが、まちづくりにおいても同様で
ある。「リスクがあること」を認識するだけではなく、対策についても持続
的に検討・検証することが、レジリエンス向上へと繋がる。

　東急総研では、「サステナブルまちづくり」自主研究の一環として、2021
年秋から「サステナブル田園都市研究会」を定期的に開催してきたが、その
第1回目は2021年10月13日、「脱炭素」をテーマに川崎市環境局地球環
境推進室の戸井田 親紀係長の話題提供で意見交換した（参加者34名、リア
ル・オンラインハイブリッド）。欧州諸都市ではよくある「市民会議」の開
催など脱炭素施策において全国でも先行している川崎市の取り組みは、注
目に値する。技術先進地域としての特性を生かし、企業、市民、行政が一
体となった「場」を開設、運営、たとえば、溝の口では川崎フロンターレの
ような地域の人々が愛着を感じるスポーツ団体も巻き込みながら、脱炭素
に向けて人々の行動変容を喚起しようとしている。この会での知見は、脱

炭素まちづくりの基本は「自分ごととして考えること」と「寄ってたかって取り組むこと」であった。

　1年半後の2023年3月31日、再び脱炭素他ESG・環境関連テーマで第14回を開催した。会場は渋谷スクランブルスクエア15Fの交流施設「QWS」、一般社団法人SWiTCHとの共同企画で代表理事の佐座 槙苗さんに、この課題での知見が深い株式会社NHKエンタープライズの堅達 京子エグゼクティブ・プロデューサーにも加わっての意見交換であった（参加者95名）。佐座さんはZ世代のインフルエンサーとしても知られているが、特に次世代を担う若者も巻き込むことを目標に、また、渋谷の街が持つ特に若者に向けた「発信力」資質を糧に、脱炭素だけでなく、生物多様性、エシカル消費、ウェルネス中心の働き方もテーマに以下の議論がされた。

　脱炭素社会への取り組みは待ったなしの状況になっている。ロードマップを描き、スピードとスケールが求められる。若者（Z世代）は企業と一緒に、渋谷をサステナブルな国際先進都市と考える（以下、3つの相談）。

1.生物多様性が豊かな都市課題：里山と都市が離れすぎている上、エネルギーや資金が都市に集中
■渋谷の街路樹等緑を増やす（含市民参加）都市開発制度とする。
■里山の良さを再発掘、移住の優遇を渋谷のまちづくりとして考えるべき。
■屋上農園、室内栽培、渋谷産野菜など地産地消ビジネスモデルをつくる。
■若者も入れた「場」と長期的視野の投資で「潤い」あるまちにする。
2.エシカル消費ができる都市課題：利用・購入するサービスや商品が人権や環境に及ぼす影響が見えない
■エシカル消費に興味を持つZ世代より、SNSを通じて情報発信する。
■フードロスや生産・流通過程を見える化し、「エシカル」について考える。
■「エシカル」度を評価するチームを立ち上げ、Z世代をリーダーにする。
3.ウェルネス中心の働き方ができる都市課題：社会貢献中心のビジネス転換が難しく短中期の利益に偏る
■住み方・働き方は世代により柔軟に変わる。二地域居住を進める。
■サステナブル意識が高くイノベーションを起こす貧乏な若者も住める。
■社会貢献を金銭価値化し住居費を補填するのも（地域通貨の活用）。

2.3.7　「そこそこ」の生活の質（Quality of Life）を保証

　第二に、「まち」を表現するにあたり環境負荷最小限やレジリエンスは、あるべき姿のキーワードとしてまずは挙げられるが、加えて、まちづくりを担うのは、そこで生活する住民なので、人々の生活の質（QoL：Quality of Life）観点より目指すべきところはいかにあるべきか、ということについても考えなければならない。高度経済成長期より人々は「豊かな生活」に憧れ、目標としてきた。多摩田園都市開発は、これまでとは異なるワンランク上の生活スタイルを実現させることにより、このニーズに合致し、その結果、さまざまな生活関連事業が生まれ、育ち、TOD事業者としての成長ならびに街の価値向上へと結びついた。

　かつて「豊かさ」の尺度は、欠乏していた物やサービスを満たすことにあった。生活必需品を提供する店舗やバスをはじめとしたローカルモビリティを提供することなどがまちづくり事業として立ち上げられてきたが、徐々にニーズは高度化され、既存の事業間の「隙間」を埋め、より高次の欲求への遡及が求められる。しばしば引用されるマズロー欲求は5段階あり、生理的欲求→安全欲求→所属・愛情欲求→自尊欲求→自己実現欲求の順に1つ満たされればその次ということで高度化してくると言われている。欠乏しているものが充足されることや安全で安心できることから、コミュニティに属し、自分自身の存在感を実感し、また、他者からも認められ自分の使命を達成する、というように高次化とともに内容も複雑化してくる。当然、高次化したニーズに応える事業も難しくなる。

　問題は、高まる欲求を満たし向上するQoLによる環境への負荷である。いくらQoLが高まっても、温室効果ガス排出など環境への負荷が深刻化してしまったのでは元も子もない。QoLと環境、両者の間にはトレードオフの関係もあることを認識しておかなければならない。許容される環境限界を超えず生き続けようとするのであれば、高度経済成長期以前の生活に戻る必要があるという説もある。サステナブルなまちづくりにおいては、ひたすら生活の「豊かさ」を高めるべく商品やサービスを開発し続けるのではなく、一旦立ち止まり、全体を俯瞰し、目指すべき姿はいかにあるべきかを考え、そこに近づける道はいかにあるべきかを模索していく、いわば

「バックキャスト」的アプローチが必要となる。

　1つのヒントとして、今から2,500年ほど前、中国春秋時代の哲学者老子による「足るを知る」という格言がある。「足るを知る」とは、身分相応に満足することを知ってあれこれ求めない心持で過ごすことである。老子によれば「知人者智、自知者明。勝人者有力、自勝者強。知足者富、強行者有志」とあるが、中でも「知足者富」は「満足することを知っている者は富んでいる」を意味し、これからの「豊かさ」とはいかにあるべきか、考える上で示唆的である。

　英オックスフォード大学の経済学者ケイト・ラワースが提唱した「ドーナツ経済学」も老子の「足るを知る」に近い考え方である。エネルギーや水、住宅など人々が暮らす上で必須のものが欠乏しているドーナツの内側で暮らす人々の生活水準・社会基盤をドーナツ部分に引き上げることを目指すと同時に、地球環境に過負荷がかかり大気汚染、海洋汚染、気候変動などが起こっているドーナツの外側にはみ出さないようとするものである。地球の限界（プラネタリー・バウンダリー）、すなわち、9つのプロセスを定め、それぞれの人間活動が限界を超えた場合、地球環境に不可逆的変化が急激に起こる可能性があると警告する概念で、「成長（Growth）」ではなく「繁栄（Thrive）」を目指す、ESG投資の理念とも軌を一にする。

　QoL視点でサステナブルなまちづくりを考えると、安全、安心、健康、所得、豊かさ、ダイバーシティ・インクルージョン、差別なし、ウェルビーイングといったキーワードが浮かんでくる。「足るを知る」理念でドーナツの中で生活しながらも社会課題を解決し価値を高めようという発想が求められる。この問題意識でサステナブル田園都市研究会（第11回、2022年12月16日）を川崎殿町キングスカイフロントの東急REIホテルで開催した。

　このホテルは、地域インフラとして整えられた水素供給により温室効果ガス排出ゼロを達成しているが、この回では一般財団法人ハピネス財団との共同企画で「健康・未病」を主テーマに、神奈川県の首藤 健治副知事や財団理事長で東京大学・工学院大学の長澤 泰名誉教授などの話題提供で意見交換した（参加者87名）。討議内容は以下の通りである。
■健康と病気の境界を定める医療に加え、生きがいや安心を実感できる。

■「未病」政策を進める神奈川県の先駆的取り組みを「拡散」する。
■病人を収容する「病院」ではなく、健康づくり拠点「健院」をつくる。
■「リビングラボ」的な場（プレイス）として、ホテルの潜在性は高い。
■キングスカイフロントでは先端企業集積により、未病まちづくりが進む。
■水素など脱炭素の取り組みで「サステナブル」のフロントランナーとなる。
■院内物流を無人化するロボット導入など医療における技術進化は著しい。
■DX活用のためには、相互信頼に基づく個人情報の提供が必要になる。
■ライフサイエンスの領域においてオープンイノベーションを進める。
■デジタル田園都市政策のスマートシティは知見の共有化の核となる。
■今後も発展する羽田空港エリアと連携、多摩川を活かす「まち」を創る。
　健康まちづくり（＝ウェルネスタウン）は、さまざまな街で取り組まれている。ここでは、生活者それぞれの行動、体調データなどを活用しながら人々の習慣を改め、健康水準の向上を通じて街の活力を高め、合わせて保険や介護などへの公的負担を軽減するという考え方もあるが、それに加えて、D&I（Diversity and Inclusion：多様性包摂）をいかに高めるのか、という発想も重要である。

　この研究会の議論にもあったが、「病人」と「健康な人」との境界線は医師により人為的に定めたものであり、この線を柔軟に考えできる限り社会にて受け入れることを目指すべきではないか。たとえば、病気と仕事の両立「ワーク・シック・バランス」である。元々病院にはバス路線が集まり公共交通の「ハブ」という性格があることより、TODまちづくり観点より、もっと多目的に活用されても良いのでは？という考え方もあり、問題提起された「病院」の「健院」化の文脈のもと、これからのサステナブルなまちづくり推進に向けた一課題として位置づけられる。

2.3.8 「そこそこ」の経済成長を実感

　第三に、「そこそこ」で満足するべきは、QoLだけではなく経済成長においても同様と考えられる。安全で安心できること、健康であることなど、健全でベーシックな暮らしを営むことができることはもちろんだが、これに加え、多様な人々が差別なく社会に参加でき、SDGsの基本理念でもあ

るD&Iが具現化されなければならない。贅を尽くすのではなく、高次のマズロー欲求を満たすべく、人々がサステナブル（持続的）に「豊かさ」を実感するまちづくりである。経済成長も「果てしなく続く」ものではなくなるであろう。脱炭素・カーボンニュートラルに寄与する循環型社会の実現、エネルギーだけでなくさまざまな物やサービスの地産地消が進めば、物々交換や相互扶助が増えることになり、これらは経済活動にカウントされないため「経済」観点からの高度成長には結びつかない。「共感」や「信頼」は「ソーシャルキャピタル」とも呼ばれ経済活動において欠かせないものだが、金額を算出するのは困難である。このような貨幣価値換算できない非財務価値の比重が高まると想定される。

　最近、市場を拡大しつつあるが、持たずにシェアする、いわゆるシェアリングエコノミーも経済成長という観点からはマイナス要素である。使い放題で無限と思われていた資源は実は限りあるもので、使った分だけ再生産すべき共有の「コモン」と言うべき環境であると意識を持つ人々による共同体による街運営を目指すべきである。そして、ポイントは、ポストコロナの働き方改革の潮流を踏まえて、より多くの社会課題解決型イノベーションを生み出せるのか、ということにある。

　高度経済成長期にあった単一品目大量生産を前提とするのであれば、物が仕上がる工程を作業ごとに細分化、専門化し、それぞれに設備と担当する労働力を投入することが効率的であるべき姿とされてきた。確かに、経営健全化の観点からこの側面は否めないかもしれないが、問題は、これでは働く人々のヤル気を喚起しにくいことにある。「職人」と呼ばれる人々が為し得ているのは、物づくりの最初から最後まで面倒を見ることにより、でき上がってきたプロダクトについて責任とプライドを持つことにある。従って、なるべく広い領域の工程を一人がカバーする方が「創造性」が大きくなり、これに伴いヤル気、モチベーションも高くなる。大きな組織から作業を「やらされる」のではなく、自分から進んで仕掛ける方がパフォーマンスの向上を期待できるという構図である。これからは少品種大量生産ではなく多品種少量生産の時代になるであろう。

　また、数々の社会課題解決に向けては、企業内で情報やノウハウを「囲い込む」のではなく、さまざまな主体がさまざまなリソースを持ち寄る

ことにより新しい物やサービスを生み出す「オープンイノベーション」が必要である。国土交通省は2017年に、このような新しい視点でイノベーションを生み出す場を「知的対流拠点」と称し、全国各所に創ることを提唱した。このようなまちづくりに必要なプレイヤーとして、カタライザー（Catalyzer：促進者）、アンプリファイア（Amplifier：増幅者）、コントリビュータ（Contributor：貢献者）があるが、さまざまな人材を集め「化学反応」を起こす「触媒」となる「場」づくり、これを盛り上げ育成するための資金をはじめとするリソースを投入、支援する主体である。既に渋谷から多摩田園都市に至る「サステナブル田園都市」には起業家風土も備わっているので、これを生かしながら「そこそこ」のQoLと経済成長、創造性による達成感を通じた豊かさを実感できるコミュニティへと導けるマネジメントが求められている。

　経済成長から見たサステナブルなまちづくりに関するキーワードとして、イノベーション、起業家風土、社会課題解決型企業、創造型労働、相互扶助、シェアリングエコノミーなどが挙げられる。特に、起業家やスタートアップ支援によるイノベーションを生み出す土壌とすることは重要である。リチャード・フロリダは著書『クリエイティブ資本論』（2002年）において、イノベーションを生み出すクリエイティブクラスに選ばれる街とするためには、3つのTすなわちTalent（才能）、Technology（技術）、そして、何者も受け入れるTolerance（寛容性）が必要であると論じており、事実、スタートアップの聖地、カリフォルニアのシリコンバレーはこの条件を満たすと言われている。

　東急沿線でも、この素養あるエリアはどこかという議論はある。渋谷から多摩田園都市に延びる大山街道・国道246号線沿いなのか、二子玉川から羽田空港に至る多摩川軸なのか、そして、そもそもITベンチャーの多い渋谷、Greater SHIBUYAなのか、議論は尽きないが、2023年8月8日、米加州UCバークレイのスタートアップアクセラレイターの"SkyDeck"の方にも入っていただきサステナブル田園都市研究会を開催した（第18回、場所：渋谷QWS、参加者67名、渋谷のラジオ『渋谷商店部』番組との共同企画）。概要は以下の通りである。

■UCバークレイアクセラレイターは米国、欧州と東アジアに進出する。

■投資家とベンチャー・スタートアップを結ぶ「エコシステム」を創る。

■渋谷区でも国際コミュニティ形成、実証実験など区民支援を政策化した。

■シブヤスタートアップス株式会社が東急など地元企業と連携で進む。

■東急グループリソースを活用し、オープンイノベーションを進める。

■寛容性、多様性、猥雑性、発信性、流動性のある渋谷を活かす。

■SOILのような「プロ」が集まる「たまり場」がエコシステムで有効。

■アイデアが飛び交うエネルギッシュなまちづくりを目指す。

■渋谷は大学も多く、新しいアイデアが生まれてきた資質がある。

■問題は駅周辺で家賃が高い。Greater SHIBUYA的視点が必要である。

■皆が、"Progressive（進歩的）"な考え方を持つことにより人材が育つ。

■まちづくりにおいて、英語の水準を高める「新しい学校」は不可欠。

■渋谷は多拠点スタートアップのハブとなり、シナジー効果を発揮する。

　特に渋谷は、街独特のProgressiveな活力・エネルギーにより海外へも情報発信でき、スタートアップの聖地として魅力的な位置づけになっていることが確認できた。

2.3.9　最先端技術を最大限に活用・スマートシティ・Society 5.0

　目指すべきは脱炭素、循環型社会といった環境への負荷を最小限にすること、そのためには、社会の主要構成員として生活者と経済活動に焦点を当てたとき、QoLや成長の水準を「そこそこ」とする目標感を持つこと、老子による「足るを知る」理念である。同時に安全、安心、健康、D&Iといったまちづくりに欠かせない要素を盛り込むとともに、人々の創造性やヤル気を喚起するべく、多くのイノベーションが生まれる風土としていくことも重要である。

　では、このような街の基盤・インフラはいかにあるべきなのだろうか？

　「インフラ」と言えば、まずは道路や橋梁といった土木構造物が想起されるが、今日ではこれに加え、交通、情報通信のように土木に限らない多様な技術を駆使したものや、社会制度のようなソフト的なものまで含まれる。このサステナブルコミュニティのモデルとなるのが、内閣府による第5期科学技術基本計画（2013年）で提唱された「Society 5.0」と呼ばれる社

会である。

　Society 5.0とは、狩猟社会（Society 1.0）、農耕社会（Society 2.0）、工業社会（Society 3.0）、情報社会（Society 4.0）に続くもので、サイバー（仮想）空間とフィジカル（現実）空間を高度に融合させたシステムにより、経済発展と社会課題解決を両立する人間中心の社会と定義されているが、これを支えるとされるものとして、第四に挙げられるべきは最先端技術の数々である。ものづくりの世界では、デジタル化された顧客の体験（ユーザー・カスタマーエクスペリエンス）に基づき、まずはソフトのアーキテクチュアを構築、ハードも含めたプロダクトを設計・製作、売り切って終わりではなく、サブスクリプションサービスを以てライフタイム価値を最大化することであるが、まちづくりにおいても同様のアプローチである。DXが進化すればするほど、長期的視野で「まち」と向き合う姿勢が重要と言えよう。いわば「サステナブルスマートシティ」とでも言えるまちづくりにおいては、リアル空間の情報をIoTで集め、サイバー（仮想）空間でリアルを再現する「デジタルツイン」技術が鍵を握るインフラとなってくる。

　中でも注目すべきは、"GX"とも呼ばれるエネルギーに関連するものである。地球温暖化の問題に対し、RE100を宣言する企業（含東急）や自治体が増加する中、地域単位でエネルギーを自給自足し、CO_2排出をゼロにする枠組み上で新技術の活用は欠かせない。たとえば、新築やリノベーションで全ての建物をZEB（ネット・ゼロ・エネルギー・ビル）化、すなわち空調、照明などの省エネと太陽光や地中熱を活用した創エネ双方諸技術の組み合わせでエネルギーを自己完結すること、自家用車も保有からシェアリングに移行するとともに、EVや水素のようなゼロエミッション車利用とするようモビリティを再構築することなどが、スマートシティに課せられた大きなテーマである。

　コロナ禍により在宅勤務が余儀なくされ、家庭用低圧電力消費量は増えたものの、商業・工業用特別高圧・高圧の消費は減少、トータルでも減少したという事実は興味深いものがある。たとえば、共働き世帯が朝洗濯機・乾燥機のスイッチを入れたまま出社、帰社後乾燥機から洗濯物を取り出したたんでいたものが、在宅勤務になると乾燥機は使わず洗濯物を干すようになったという生活スタイル変化もあったと言われており、一方では、真

夏の猛暑日にそれぞれの家で冷房をかけてのテレワークは非効率では？という考え方もでき、ニューノーマルと環境負荷の関連について、どうあるべきなのか、は研究が必要である。

　デジタル化の進展とともに必然的または副産物的に得られるビッグデータをいかに活用するのか、ということも重要課題である。具体的にはたとえば、スマートフォンの位置情報や街中の防犯カメラの映像などから個人の行動履歴の詳細を知り得ることができるが、このデータをどのように役立てるのか、ということが論点となる。個人情報保護の視点は大事であるが、データ活用が社会サービス向上に結びつくことも見逃せない。従って、スマートシティに欠かせないのは、要素技術の集合体とでも言える「オペレーションシステム」の構築・運営だけでなく、街を構成する人々のコンセンサスを得ながら諸施策の展開を円滑に行える「都市マネジメント」の枠組み、まさに「エリマネ」の概念である。

　最先端技術活用のまちづくりは「スマートシティ」と呼ばれており、トヨタが富士山麓で開発を始めたウーヴンシティはその典型だが、既成市街地では柏の葉、南大沢、西新宿などがある。この他、大規模開発と同時に始めた羽田イノベーションシティ、地方都市では会津若松や富山が先進事例と言われる。バスの自動運転をいち早く実装した茨城県境町や福井県永平寺町も忘れてはならない。

　国土交通省による地形データ「PLATEAU」をはじめ建築・土木構造物設計時のBIM/CIMデータ、主に民間事業者が持つ人流や行動履歴データを活用することにより社会課題解決に繋がるさまざまな分析が可能となる。合意形成に基づく個人データの利活用は健康・ウェルネスまちづくりへの道も開けることとなり、さまざまな発展の可能性ならびに、これらを育成する産・官・学・地域連携型プラットフォームの必要性が示唆される。主要な役割は今、さまざまなリソースから得ることができるビッグデータを分析しわかりやすく「見せる」ことにより、人々のサステナブル行動変容を喚起することにある。本書3.1.1では、東京都市大学加賀屋りささんより、ターミナル駅構内における歩行者流動分析について紹介する。

　地域通貨・コミュニティ通貨も、スマートシティのコンテンツである。かつて紙でしかできなかったものが今ではスマートフォンのアプリで処理

でき、さほどの費用をかけず比較的手軽に導入できることより、多くの街で採用されるようになってきた（小田原の「おだちん」のようなユニークなネーミングもある）。この仕組みの特徴は、地域の商店街など個店と大規模店舗が一体となって社会課題解決型活動に付与するなどSDGs行動変容に導くきっかけづくりができること、DXやICT、さらにはSNSなど最先端技術活用により、人と人との繋がり、すなわちソーシャルキャピタルの計量化などを通じてサステナブルなまちづくりにおいて役割を果たす可能性があることである。

この課題をさらに掘り下げるために、2022年6月13日、サステナブル田園都市研究会（第6回、参加者80名）において三菱地所株式会社見立坂 大輔さんと株式会社三菱総合研究所岡田 雅美さんから「大丸有SDGs ACT5」という大丸有（大手町・丸の内・有楽町）での取り組みについて、株式会社カヤックの中島 みきさん、小田急電鉄株式会社の向井 隆昭さん、たまプラーザ地元のたまプラ一座・たまプラコネクトの藤本 孝さんから下北沢とたまプラーザでの「まちのコイン」についての話題提供をいただき意見交換した。

概要は以下の通りである。
■企業が地域に関わり、課題解決と愛着を育むツールとして有効
■住民、就業者がサステナブルに興味を持ち、楽しむ感覚で活動に参加
■イベントを通じた関係人口増もあり、「街」から仕掛ける行動変容喚起
■リアル通貨とは異なるメッセージ性のある「価値」
■仕事とボランティア間のお手伝いごとを対象とし、人同士の繋がり醸成
■「繋がり」を計測し、地域の「幸福度（ウェルビーイング）」定量化
■スマホ＆アプリによる普及、デジタルディバイド解消の必要性も
■「プレミアム体験」との組み合わせ（まかない飯、イベントなど）
■「出口」として、地域に根差した原価のかからないところが好ましい
■コミュニティ意識、愛着を感じられる「おらが街」的地域の単位とは？
課題は多くあるが、さまざまな街で進める意義は感じ取れる。特に自治体単位で商店街振興を主目的とした地域通貨、ポイント、商品券などの取り組みにいかにSDGs的色彩を付与するのか、ということが、TODまちづくり推進にあたり大きな意味を持ちそうである。

2.3.10 歴史と文化を尊重する

　都市インフラを「スマートシティ」化する意義については、誰も異論を唱えないであろう。常に進化し続けるさまざまな技術を上手にまちづくりに取り入れていくことは、サステナブルなまちづくりで欠かせない視点である。一方で、このマネジメントのあり方は、全ての場所において画一的で共通でもない。

　もちろん、DXを利用できる者とできない者による格差、いわゆる「デジタルディバイド」を回避する都市マネジメントが必要であることは言うまでもないが、たとえば、都心、郊外、地方都市それぞれにおいて抱えている地域課題が異なるように、これを支えるインフラや仕組みも千差万別であるべきである。換言すれば、求められるのは地域ごとに異なる「土地柄」に応じたマネジメントであり、その遂行のためにはそれぞれの文化と、文化を形づくる歴史的背景への理解を深める必要がある。つまり、第五に、サステナブルなまちづくりを支える「基盤」的考え方として、歴史と文化を尊重することも忘れてはならない。たとえれば、経済が街の「血液」であるのに対し、歴史と文化は街の「魂」とでも言えようか。いずれも健全な体には欠かせない。

　背景としては、情報通信をはじめとした諸技術の進化に伴い政策や戦略の「コモディティ化」が進み過ぎているのでは、という懸念がある。インターネットによりデータや事例の収集が容易となり、また、自治体や企業がそれぞれの政策や戦略立案にあたり、策定作業を外部のコンサルタントやシンクタンクに委託する傾向が高まることにより、全てが同じようなものとなる「金太郎飴」現象が起こっている。本来、それぞれの土地柄や文化により異なるはずのものが、大量生産される商品（＝コモディティ）となっている。

　一方、さまざまな課題解決のために都市は変わらなければならないが、そのためには、そこで生活する住民をはじめステークホルダーたちの行動変容が不可欠である。問題は、どこにでもある政策・戦略のもとではそのモチベーションも湧かないことにある。

　スマートシティ、すなわち技術＝科学と連想されるが、より広い視野と

柔軟性も備えた専門知識としていくためには、「リベラル・アーツ」の素養も持つべきという考え方である。

　リベラル・アーツは古代ギリシャにおいて「自由民として教養を高める教育」とされ、学ぶことにより高度な教養を身につけることを目的とした。大事なことは、専門を極めることだけではなく、周辺にある「資源（リソース）」が何であるのかを認識し、これをいかに生かしていくのかというアイデアを持つこと、そして、これを実行することである。この前提としては、「まち」を構成するそれぞれの主体・人々が自分の街に愛着とプライドを持つ、すなわち「シビックプライド」が醸成されなければならない。まちづくりにおいては、これまでのように効率性一辺倒ではなく、たとえば、既に姫路や川崎で実践されているが、駅前広場から車を排除し、デザインに配慮した歩行者最優先の「ウォーカブル」都市空間としていくなど、さまざまな発想が生まれなければならない。古民家再生やリノベーションも効果的な手法である。原点はその場所の歴史と文化についてしっかりと理解しておくことが肝要である。

　TOD的観点では、果たして駅が地域の歴史と文化を踏まえたシビックプライドの起点になり得るのか？という疑問が浮かぶ。たまプラーザや南町田グランベリーパークのようなシンボリックな存在もあるが、木の温もりを感じさせる戸越銀座や池上もある。たまプラーザでは駅前の公共空間におけるイベント（フラッシュモブ）により、シビックプライドの醸成へと繋がったことについては前述したが、加えて第19回サステナブル田園都市研究会（2023年9月5日、参加者56名）では沿線でも有数の活気ある商店街のある戸越銀座を対象に、地元の立正大学文学部野呂 一仁講師からの話題提供他以下の意見交換があった。

■立正大学の地域連携では「サービスラーニング」の手法で貢献する。
■危機感もあり、戸越銀座ブランドを知って、来てもらうように努めた。
■商店街は、周辺も含めた安全・安心まちづくりで中心的な役割を担う。
■「食べ歩き」を促す店舗も多く土休日に広域からの集客へと繋がる。
■木を使う「森の出口」体験を商店街舞台に展開しSDGs意識を高める。
■駅の「木になるリニューアル」をまちとの「協働」により進めた。
■木の持つ癒し、香りは、駅の親しみやすさやシビックプライドへと導く。

■商店街は学生をはじめとする「よそもの」の参画を促すことで活性化する。
■EC起業家がリアル店舗を商店街に求めることもある。
■デジタル納豆菌により駅と商店街が連携し、価値ある活動を起こす。
■商店街を「場」として、行動変容を促すスマートシティの可能性は高い。
■スローモビリティ的電車が横切る踏切、IC乗車券連携などリソース。
■駅改修に商店街や住民参加は、まちづくりの価値を高める効果が高い。

　戸越銀座駅は元々木造の駅再生による池上線ブランディング戦略の一環として、池上、旗の台、長原とともに行われたが、鉄道事業者によるデザインそのものだけではなく、わが国でも有数の商店街と「共創・協働」によるシビックプライド醸成を意識したものである。逆に言えば、シビックプライドを高めるためには、駅や公共空間のハード整備だけでは不十分で、共創や協働を盛り込むマネジメントも必要であることがわかる。

2.3.11　サステナブルなプレイスメイキング

　菅元首相公約の2050年までのカーボンニュートラル（いわゆる「ネットゼロ」：温室効果ガス排出実質ゼロ）といった具体的な数値目標もあるが、進めるためにはどのようにすれば良いのか？

　確かに、供給される電力など全てのエネルギーが全て再生可能になってしまえば、それだけで脱炭素の問題は解決するのかもしれないが、必要とされる技術革新や設備の刷新など社会的負担も少なくない。あるべき姿に至るまでの移行（トランジション）プロセスをいかに効率化するのか、社会を構成する現世代の人々の意識と行動を変えるのか、ということも重要である。脱炭素社会に着目するのであれば、再生可能エネルギーを「創る」だけではなく、消費量を減らすいわゆる「省エネ」をいつも誰もが意識する社会である。

　この推進にあたっては、新しい視点での考え方が必要である。これまで基本的な担い手は自治体であった。国の定めたネットゼロに向け、「温暖化対策室」や「脱炭素戦略推進室」といった組織新設もあるが、自治体のイニシアチブが強過ぎると、肝心のコミュニティ構成員である住民や企業の当事者意識が薄くなる、という問題も発生する。

　元々、エベネザー・ハワード提唱の"Garden City"においては、住民によるまちづくり組織の自主管理によるコミュニティが提案されたが、その後、英国やわが国の国策として進められたニュータウンにおいては公的セクターによる安定した公共サービス提供が基本とされ、一定水準以上のQoLが保証される。高度経済成長期に、物質的な「豊かさ」追求に主眼が置かれた時代においてあるべき姿であり、否定する余地はないが、同時に、至れり尽くせりの公共サービスを当たり前として期待することが常態化する状況に陥り、住民のまちづくりへの参画意識・意欲が減退してしまう、という側面も否めない。

　目指すべき「豊かさ」は、物質的なものではなく、老子の「足るを知る」に則った「そこそこ」のQoLと経済成長を前提としながら、より高次で多様化、複雑化してくるであろう。まちづくりも生活者それぞれが参加意欲を持ち、帰属意識を持ちやすいアイデンティのあるエリアごとに展開していくと考えられる。公共による「基盤」的サービスに加え、地域それぞれの個性、文化を反映したエリマネである。基本となるのは人と人とのコミュニケーションであろうか。

　DX技術の進化、普及によりオンラインミーティングがいつでもどこでも開催できるようになった。エリマネ運営者から見れば、さまざまなまちづくりの担い手を開拓でき、まさに「追い風」であるが、その活動をより強固で持続的なものとしていくためには、リアルな「場」、いわゆる「活動拠点」が必須である。確かに、オンラインミーティングでかなりの用件を済ますことができるようになった。一方で問題は、必要な情報のやり取りはできても、五感の全てから入力される情報の一部しかオンラインでは伝わらないことにある。刺激が少なければ脳の活動は上がらない。リモートワークの連続では、脳に活力をもたらすセロトニンの放出が減り、ヤル気が削がれ、明日への気力が奪われ、鬱状態になるという見解もある。従って、リアルの「場」の重要性は逆に高まった。

　「場」は「プレイス」を訳したものである。単なる空間、いわゆる「スペース」との違いは、人々が居場所としての思い入れを感じるかどうかである。たとえば、神社の境内は、神々が宿る場所としてのアイデンティティを感じ、年に何回かお祭りが開催されるなど、街の中心を感じられる「プレイ

ス」であろう。他にも自由が丘駅前広場は、日常的にはバスが発着する交通結節点機能を担う「スペース」であるが、秋の女神祭りをはじめ年に何回かのイベント開催時には、車は排除され代わりにステージを設置、地域の人々が集う賑わいのある歩行者空間化する。「プレイス」化されるパブリックスペースの好例である。

スターバックスはよく「第三の場所＝サードプレイス」と呼ばれる。洒落たデザインとクリエイティブ感ある雰囲気でゆったりとした時間を過ごすことができ、人と人とが交流できるカフェが、家でもオフィスでもない三番目の居場所である。もちろん、カフェだけではなく、たとえば、英国のパブ、わが国では居酒屋・小料理屋、あるいは、銭湯なども居心地の良い社交場としての素養を持つ「プレイス」候補地である。そして、プレイスをつくることである「プレイスメイキング」は、サステナブルなまちづくりにおける重要課題の1つである。

2.3.12 「えんどう豆」から「納豆」へ

プレイスの場所候補としてまず思い浮かぶのが鉄道駅周辺である。高度利用都市開発に加え、特に商店街組織を中心としたまちづくりが進められてきた。既に、人と人が交流する拠点となっている。サステナブルコミュニティの1つの単位として、駅を中心とした街が思い浮かぶのでないか。問題は、駅が行政境近くにある場合、まちづくりの主たる担い手である自治体の政策エリアと、これら駅を中心としたまちづくりエリアが必ずしも常に一致しないところにある。従って、ここで着目すべきは鉄道事業者の果たす役割である。

歴史を振り返ると、鉄道事業者は単に鉄道を運行するだけではなく、周辺の街と一緒に歩む「TOD事業者」としてのスタンスを貫いてきた。この姿勢をより強める経営が求められてくるであろう。

重要なことは「沿線」という地域アイデンティティを高めることにより、人々に鉄道への親近感を強く持ってもらうことである。冒頭にも記したが、東京では「どこに住んでいるの？」と尋ねられたときに、○○市と答えるのではなく○○線沿線と答えることも少なくない。それだけ、人々の生活

に鉄道が密着している。鉄道＝TOD事業者から見れば、この「沿線」と呼ばれる地域ブランドを高め、住み、働き、訪れる場所として選んでもらえるようにすることが戦略の根幹と言っても過言ではない。環境やSDGs意識が高まる今日、この発想を盛り込んだサステナブルなまちづくりが、選んでもらえるブランディングに必要不可欠である。

102頁で記したように、2005年、東急は駅を中心としたまちづくりが鉄道軸上に豆のように連なり、「沿線」という地域がさやのように包む構造を「えんどう豆」と表現し、この構造を強化する戦略を打ち出した。まちづくり拠点のプレイスを駅周辺に整備し、特に拠点駅のものは、その駅周辺に留まらず、隣駅などへも守備範囲を拡大することにより、「さや」を1つのアイデンティティあるエリアと見立てたマネジメントを進める方向性が示唆される。複数の駅を繋ぐエリマネの広域化である。当時は「エリマネ」という言葉の知名度も低く、SNSもあまり普及していなかった時代でのコンセプトであったが、今まさに時宜に適う考え方ではないか。

「えんどう豆」化のために越えなければならない壁もある。概ね既に駅周辺では商店街組織を中心としたまちづくりが展開されており、定期的に開催されているイベントなどにおいて、その枠組みは強固である。まちづくりの担い手もこの強固な組織に属しており、強い結束力を保っている。逆に言えば、この既定のコミュニティを逸脱した新規活動フィールド開拓や新コミュニティ構築が課題とも言えよう。たとえば、地産地消はサステナブルなまちづくりにおける大きなテーマであるが、狭いエリアで全て自己完結するよりも、隣のコミュニティを知り、リソースを共有化する方が効率的・効果的になるケースも少なくないと考えられる。「自立・自律」に加え「連携」も重視してバランスを取る発想である。既定の限定エリアでのしっかりした固い組織に加え、より広域の、しかし、ちょっと緩く柔軟な組織・ネットワークによるマネジメントも可能では？これが「えんどう豆」発想の根幹である。

ところで、鉄道沿線は鉄道を軸として、その両側に帯のように広がっている。逆に言えば、沿線地域だけで大都市圏の全てをカバーしているのではなく、沿線と沿線の間にはどちらに属するのか微妙なエリアもある。そして、郊外でも人が住んでいたり経済活動（工場や研究所）もあったりも

する。沿線主導型まちづくりの最終的なゴールは、このような沿線間における空白地帯も埋め、全てが脱炭素、循環型社会などサステナブルコミュニティとしていくことである。

　注目すべきは既に記してきた、コロナ禍により顕在化したさまざまな時代の変革、転換の兆候である。「コンパクトシティ政策」は、駅周辺の開発・活用により、災害危険地域も含めた郊外の既成市街地から離れた場所からの移住を促進、効率的で持続可能な都市づくりを目指しているが、この考え方は災害（Disaster）対応には適うものの、コロナのような感染症（Pandemic）対応に視野に入れた場合、必ずしも十分ではない。Pandemicリスク低減のためにはむしろ「密」は回避すべきではないか。

　新型コロナウイルス感染症拡大期に避けるべきとされた3つの「密」、すなわち密閉、密集、密接を合わせての「3密」は集団感染防止の標語になったが、このことはポストコロナにおけるまちづくりに対しても重要な示唆を与える。閉じられて密である「閉密」ではなく開かれて疎の「開疎」の概念を取り入れた新しいコンパクトシティ政策では、駅周辺の高度利用をひたすら高め「高密」化するのではなく、適正な水準にまで密度を抑え、すなわち「適密」の理念のもと、中心市街地にあるべき機能を周辺に散りばめることも意識すべきではないだろうか。もちろん、これまでと同様、災害危険地域かそうではない安全な場所に移り住んでもらうことについては変わらないが、人が住む「街」の中では、さまざまな機能や活動が混在するであろう。

　働き方改革やDXの進化は、このまちづくりを後押しする。毎朝決められた時間までにオフィスに行かなくてもよくなるので、住む場所も必ずしも駅近くである必要もない。少し離れた場所、それこそ鉄道と鉄道の間の自然溢れる空間に居を構える、という生活ニーズも高くなりそうである。まちづくりの拠点となる「プレイス」の立地も、駅周辺だけではなく駅から離れた異なる沿線の中間においても可能性は高まる。このあたりでは戸建住宅地が連坦的に広がるが、駅から離れるにつれて密度は低くなり、農地のような非都市的な利用と混在する。公園、工場、物流施設があったりもする。近年の傾向として、農地や公園・緑地に特に土休日に人が多く集まる、交流の場としての位置づけが高まっていることが特徴的である。超

高層ビルや大型商業施設だけではなく、公園や緑地あるいは、河川敷のようなオープンスペースにおいてスポーツやマルシェといった活動ならびにパークPFIなどの手法による空間再構築を通じて新たな拠点＝豆を創ることもできる。

　加えて東京郊外には、駅からバスのような場所にも多くの団地がある。高度経済成長期に急拡大する人口収容を目的に建てられたものであるが、住民の高齢化、建物の老朽化等々多くの課題を抱えている。団地も「プレイス」の候補地ではないか。たとえば、左近山団地（相鉄二俣川駅からJR東戸塚駅方面に約2km）でもさまざまな取り組みがされてきた。2019年12月にアトリエをオープン、コロナ禍中においてもアートをテーマとしたまちづくりが進んだ。2023年5月には地元の横浜国立大学とも連携する形で働く場・イノベーションを生み出す場としての「トリオ左近山」も開業し、多様な主体が交流し新たな価値を生み出すポストコロナのフロントランナーとしての役割が期待されている。

　こういった事例を見るに、人が集まり自らがサステナブルなまちに向けてマネジメントできる、すなわち「律する」拠点が駅周辺と鉄道間に散らばる都市構造になるであろう。そして、この「自律分散型」まちづくりにおいて重要なことは、いかにして人々のリアルの移動手段、モビリティを提供するのか、ということにある。全てのコミュニケーションがバーチャル＝オンラインでは済まないからである。

　鉄道の軸上に拠点が連なる「えんどう豆」構造においては、リアルモビリティの主たる担い手は、当たり前だが鉄道であった。しかしながら、このような分散型都市では、拠点間を結ぶ多様なモビリティ、たとえば、バス、タクシー、シェアサイクル、電動キックボードなどによりネットワークが形成される。歩くことを前提とするのであれば、緑道（＝グリーンインフラ）や暗渠もある。拠点が豆のように散らばり、モビリティが糸のように豆間を繋げる、豆が糸を引いたようにも見えるので、「納豆」構造であろうか。

　2005年に提唱された「えんどう豆」は、15年以上の歳月を経て発酵、新しい日常（ニューノーマル）に向け「納豆」化した（図2.15）。

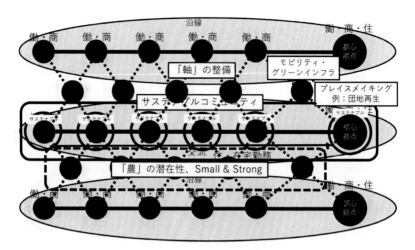

図2.15 「えんどう豆」の「納豆」化

　2022年2月16日の第4回サステナブル田園都市研究会は、田園都市線沿線のまちづくり活動家をたまプラーザのWISE Living Labに集めての（オンラインも併用）のワークショップであった。「えんどう豆」構造の再確認と強化を目的としたものだが、小田急線新百合ヶ丘駅周辺で活動する方々にも入っていただき、「納豆」化も意識したものであった（参加者97名）。工学院大学倉田 直道名誉教授より米ポートランドでの先進事例を中心としたご講演をいただき、その後、

■サステナブルな鉄道沿線まちづくりとはどのような将来像なのか

■どのようなライフスタイルやコミュニティを目指したいか

■どうすれば沿線価値を維持・向上できるか

■その推進のためには市民・行政・企業（特に鉄道会社およびそのグループ会社）がどのような役割を担ったら良いか

について意見交換した。その結果、サステナブルなまちづくりのためにはえんどう豆では不十分で、納豆化が必要である。鉄道会社に多くの「切れる」人材は期待できない。いない場合は、外部の市民団体や企業とコラボレーションしていくことで、鉄道会社の信頼度、認知度と組み合わせた事業推進力となる、といった興味深い知見が得られた。

　翌年、同じようなまちづくり活動家ワークショップを東横線沿線対象に開催した（第12回サステナブル田園都市研究会、2023年2月6日、参加者110名）。翌月に相鉄線との開業も控え、渋谷と横浜という2拠点を結ぶことより「郊外」がなかった東横線に、郊外的色彩のリソースも加わるという可能性をいかに生かすのか、ということが1つの焦点であった。また、パナソニック株式会社がまちづくりを手がける綱島サステナブルスマートタウンが会場であったこともあり、沿線に多く立地する企業との連携、ならびに田園都市線には少ない歴史と存在感のある商店街との一体的なまちづくりも重要なテーマである。冒頭に慶應義塾大学の西 宏章教授、フェリス女学院大学の佐藤 輝教授からの話題提供があった。

■インフラの組み合わせ「スマートシティ」構築、地域ブランドを創る。
■情報で行動変容、センシングで行動変化把握、フィードバックする。
■「保守的」とされる情報提供意識の克服、マネタイズが課題である。
■信頼できる主体による「地域情報銀行」を個人情報活用インフラとする。
■ソーシャルキャピタルを指標化し、「介入」により地域間格差を縮める。
■環境教育で学生の意識を高め「エコキャンパス」化する。
■地域や行政と連携し、農地、里山といった地域固有資源を活かす。
■レイズトレードなどを通じた発展途上国支援でモチベーションも高まる。
■女子大生は、食、農、まちづくりに関心が高い（例：地産地消スイーツ）。
■イタリアのアグリツーリズモも郊外再活性化モデルになる可能性がある。

　その後、世代交代・社会変化への柔軟な対応、子どもが将来戻ってきたくなる街、人と人との繋がり、参画に仕組み、人と街の多様性（ダイバーシティ）、地域の特色を生かしたまちづくり、特色ある店が多い商店街などを題材に意見交換を行った。要約すると以下の通りである。

■人と人との繋がりを評価できる「ソーシャルキャピタル指数」の活用
■個人のアクティビティと企業・行政・市民団体のアクティビティが連携し相乗効果を生み出す「参画プログラム」
■「目的性と包容力」が高い多様性のあるまちづくり
■駅ごとに「特色のある商店街」を軸としたまちづくり
■相鉄線直通による「郊外の魅力」の付加
　それでは納豆構造へと導く「納豆菌」はいかなるものなのであろうか？

　これを探るために、サステナブル田園都市研究会を開催した（第16回、2023年6月16日、参加者78名）。テーマは「納豆菌研究会（NATTO-Workers）」によるサステナブルなまちづくり、観光まちづくりを手がける國學院大學十代田朗教授と「納豆」に共感する活動家（ナットワーカー＝NATTO-Worker）の方々が集まり、代表して藤井 俊公さんから話題提供いただき以下の意見交換があった。

■観光まちづくりにおける活動は「納豆」と密接に関係する。

■15分生活圏をTODとウォーカブルでつくり、行動変容を促す。

■納豆菌を広く沿線外へも拡散し、粘り気あるネットワークとする。

■プレイスと駅空間活用によりシビックプライドとふるさと意識を高める。

■コミュニケーションを効率化すべくDXやChatGPTを活用する。

■防災・レジリエンスを高めるNATTO-Workersネットワークを創る。

■商店街は大学や市民活動との交流を基盤にTODまちづくりを先導する。

■イベントを一過性のものとして終わらせず、持続性ある活動へと繋げる。

■沿線、沿道価値を高めるべく、イベントやアートを通じ鉄道と連携する。

■京急、JR西日本など沿線まちづくりノウハウをナットワークで共有する。

■「病院」の「健院」化を進めるためには「納豆菌」が欠かせない。

■NATTO-Workerに興味ある方はこちら → https://nattowork.net/

　総括すると「納豆菌」培養のためには、リアルコミュニケーションだけではなく、進化するDX、AI、ChatGPTなどICT関連最先端技術によるプラットフォームが不可欠と考えられる。

　「豆」＝拠点・プレイスとともに、「糸」の中の1つとして、モビリティは「納豆」の主要構成要素である。この問題意識のもと、2023年10月6日、サステナブル田園都市研究会を東京都市大学西山 敏樹准教授とともに開催（参加者61名）。東京大学須田 義大教授、東京都市大学杉町 敏之准教授他の話題提供と以下の意見交換があった。西山准教授は、3.4.1において、都市空間を支える交通基盤として、持続可能なアーバンモビリティについて論じている。

■自動運転は進む。まちづくりエコシステムが重要である。

■自動車と鉄道は近づき、所有＆主導がシェア＆自動へと新領域となる。

■歩車混在都市空間に向け、モビリティ感性・受容性の研究意義は大きい。

■人手不足の課題解決に向け、自動運転などで人代替システムを普及する。
■国分寺崖線のようなバリア克服、河川敷活用軸線移動ニーズは高い。
■観光目的としたモビリティニーズが地方都市で拡大している。
■浪江により、自動車メーカーの新領域（モビリティを売る）を拓く。
■通勤輸送減、乗務員不足を新発想・技術（オンデマンド）で克服する。
■モビリティに「楽しさ」を加味すると、選ばれるまちづくりへと導ける。
■危機的状況にある公共交通を救うべく、新規事業の意義とニーズは高い。
■人口減少問題を解決すべく、テレワーク×モビリティ戦略を策定すべき。
■自転車利用やウォーカブルで街の経済が潤う。EBPMは必要である。
■自動運転が普及したとしても、人のサービス（案内など）は残すべき。

　「納豆」構造であれば、鉄道沿線に限定されることなく、沿線間の空隙も埋め、大都市圏全体をTODで総体的にカバーでき、目指すべき脱炭素・循環型社会の実現に向けてのシナリオを描きやすくなる。TOD事業者のスコープ3が主導するサステナブルなまちづくりである。

　以下、サステナブル「納豆」構造まちづくりを支えるモビリティとして、どのような可能性、課題があるのか、また、都市の持続的成長に向けて貢献していくための戦略、シナリオはどうあるべきなのか検討する。

2.4　サステナブル田園都市TODモデルの発展

　駅周辺土地利用を「高密」から「適密」化し、「えんどう豆」が「納豆」に変わることにより、エリマネニーズはより広域化する。駅周辺には商業・業務、ちょっと離れると住宅、という「色分け」を鮮明にすることが都市計画の基本であったが、このような上意下達型のモデルではなく、あえて用途や機能を混在させながら多様性のメリットを享受できるコミュニティ運営を地域主導型で持続することが、これからのまちづくりの主流になるであろう。むしろ駅から離れたところでの多様で混在型の街の方が、持続的発展の原動力になる面白い活動や人材の「苗床」になるかもしれない。用途地域（いわゆる「色塗り」）や、「線引き」と呼ばれる市街化区域と市街

化調整区域といった都市計画のあり方の見直しも示唆される。

　特にポテンシャルが高いのは、河川や旧街道のような存在感がありアイデンティティの高い「軸」に沿ったエリアである。河川沿いでは常に水音が聞こえ、緑のある開放的な空間が広がり、旧街道沿いには歴史を感じさせる古民家が残る宿場町も少なくない。鉄道沿線まちづくりでは、これらの鉄道ではない「軸」と連携することによる相乗効果発揮を意識すべきである。

　たとえば、京急線は先述の旧東海道と、東武スカイツリーラインは旧日光街道と、西武多摩湖線は都立狭山・境緑道と、京王線は浅川と並行しているが、この立地優位性を生かしたプロモーションをいかに進めるのかという発想である。多摩川はいくつもの鉄道と交差していて、その交差点においてはさまざまな活動の可能性がある。二子玉川駅周辺のエリマネ活動拠点が多摩川の河川敷となっており、「ミズベリング」と呼ばれる河川を生かした官民連携での河川・水辺空間活用の取り組みの一環として地域価値向上に貢献していることは、その好例である。

　この問題意識に基づき、旧街道の宿場町の昔からある街並みを活かしたまちづくりを題材に、第21回サステナブル田園都市研究会（2023年11月8日、参加者70名）を開催、東海道に焦点を当て、宿場町（神奈川、保土ヶ谷、小田原）のまちづくりで活躍する人々に延岡での実績もある横浜国立大学乾 久美子教授他を交えて、以下の意見交換があった。
■高さを抑え開放性あるデザインで駅利用者と市民活動の接点を創った。
■親しまれていたデザインの駅舎を増築、街を眺め合い、郷土愛を育む。
■駅からの動線上に"Open Parade"を開設、賑わいと人材発掘に取り組む。
■民（地域）と民（企業）の連携を公的セクターが支える構図とする。
■歴史を活かす「場」に、歴史には興味はない若い世代も楽しく参加する。
■歴史や文化に触れる人力車は「サステナブルモビリティ」である。
■歴史財産を活かしたイベントなどで人材を繋げる「えんどう豆」とする。
■八丁畷線路脇の"Park Line 870"で京急・東海道の繋がりを強める。
■神奈川県内完結動線を東海道で三島方向へ繋ぎ、箱根は持続的成長する。
■HAKONATURE BASEは歴史を伝える人材育成拠点として貢献する。
■小田原はじめ東海道で、ガイドツアー、アプリなどで関係人口を増やす。

■東海道風景街道では「道は歩く（＆迷う）人のため」がコンセプトである。
■地域主導型での広域文化まちづくりを機会とする企業経営が求められる。

　東海道の各宿場町は長年の歴史もあり、異なった街の活動家間のコミュニティが既に形成され、いわゆる「えんどう豆」構造が既にでき上がっている。今後は鉄道・TOD事業者をはじめとするネットワークへと拡大、「納豆（ナットワーク）」化することが課題、との認識である。

　「軸」は自然や歴史・文化との距離感が近いことより心地良い空間となり、ウォーキングやランニングを含め人の往来も増え、「プレイス」立地のポテンシャルが高まる。さまざまな店舗や施設が連なり、線状の「街」を形成するところも少なくない。このような街を育てていこうという考え方、エリア戦略の可能性もある。TODの理念に立脚すれば、線状（リニア）のまちづくりは鉄道沿線のように同一路線上に限定されるのではなく、異なる路線間の駅同士を結ぶパターンもあり得る、と想定できる。

　特に東急沿線、特に渋谷から南西部、多摩田園都市に至る軸に展開するまちづくりを「サステナブル田園都市TODモデル（SDTモデル）」と呼ぶこととし、このエリアの発展の可能性ならびに、このモデルの他地域への移転可能性について考える。

　SDTモデルの特徴を以下に挙げる。

■渋谷を起点、拠点（三軒茶屋、二子玉川、溝の口、鷺沼、たまプラーザ、青葉台、南町田GBPなど）が連なっている。
■拠点間を鉄道（田園都市線）で効率的に移動できる。
■シンボリックな駅と周辺開発・都市基盤整備が一体的になされ、それぞれの拠点にはさまざまな都市機能が包含されている。
■拠点周辺ではエリアマネジメントの取り組みが展開され、整備効果とシビックプライドを地域で共有する仕組みになっている。
■拠点を含めた沿線には多様な主体が交流できる「場」があり、より豊かな生活を実現できるイノベーションが生み出される。
■都市機能とモビリティのトータルコーディネイトにより、脱炭素・カーボンニュートラルへと向かっている。
■エネルギーや食糧の地産地消が進み、循環型社会へと向かっている。
■歴史や文化を尊重したデザイン指向のまちづくりが進んでいる。

■地域社会と企業が連携し、共に価値を創る（CSV：Creating Shared Value）
の仕組みが整っている。

　田園都市線の特徴は、渋谷の他、二子玉川ライズ、たまプラーザテラス、
青葉台東急スクエア、南町田グランベリーパークと大型商業施設が鉄道の
駅が近くにあり、比較的「TOD度」（公共交通利用性向）が高いところに
ある。東急総研調査（2021年）によれば、田園都市線沿線住民の年間鉄道
利用日数は131日（東急線は147日）、バス利用日数は40日（39日）、自
家用車利用日数75日（62日）と東京圏平均の鉄道125、バス32、自
家用車95と比較し、鉄道で6日、バスで8日多く、自家用車で20日少な
くなっており、他の東急沿線も同様公共交通利用性向が高いことが確認さ
れる（図2.16）。

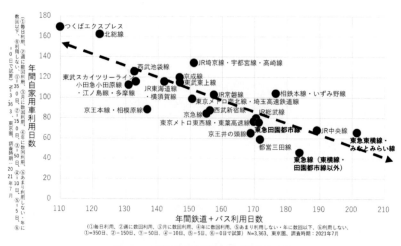

図2.16　沿線別交通機関別年間利用日数

　従って、このモデルを拡散することにより「TOD度」を高め、サステナ
ブルなまちづくりへと繋げる意義は大きいと考えられる。一方、SDTモデ
ル特徴の後半部分は、田園都市線沿線においてもまだまだ未完なところが
大きく、他の沿線まちづくりとの交流も通じて切磋琢磨しながら進化する
領域ではないか。

　以下、モデルとなる対象地域を概観する。

2.4.1　Greater SHIBUYA・広域渋谷圏

　大改造が進む渋谷ターミナルだが、「アーバンコア」という民間敷地内での公共的用途の歩行者縦動線提供を都市再生特区公共貢献メニューの第一に掲げており、これらと横方向デッキや地下通路の組み合わせにより、鉄道で集客する来街者を広く街中に拡散、まちづくりに貢献する。背景は渋谷の地形的特徴である。渋谷川や宇田川が流れていることより谷底に位置する駅から周辺に行くためには坂を克服しなければならず、この抵抗感を低くする開発は歩行者回遊性を高める。また、坂があることで渋谷の街はコンパクトである。ほぼ平地に位置する新宿と比較すると差は歴然としており、事実、東新宿、西新宿といった地名がある一方で、東渋谷や西渋谷と呼ばれる場所はない。新宿エリアは大きな統一国家の米国、渋谷エリアはいくつもの国により構成される欧州のようだ。

　これを生かすのが、東急が2018年中期経営計画で掲げた「Greater SHIBUYA・広域渋谷圏構想」、渋谷駅から2.5km圏を対象としたものである。2.5kmは2021年の東京五輪メイン会場であった新国立競技場までの直線距離で、原宿、表参道、恵比寿、代官山、神泉といった隣駅だけではなく、外苑前、中目黒、駒場東大前のようにさらにその先、加えて代々木上原や広尾のように渋谷駅とは直接は繋がらない駅・エリアも含む。加えて領域は渋谷駅のある渋谷区だけではなく、港区、目黒区、世田谷区にも及び、面積では渋谷区が約半分、港区と目黒区が約2割、残りの1割が世田谷区となっている。渋谷駅周辺だけであれば自治体は渋谷区1つであるが、広域を対象に見た場合、4つの自治体間のトータルマネジメントである。

　Greater SHIBUYAの取り組みには大きな意味がある。第一に、巨額投資を集中した渋谷駅周辺整備効果を広い地域で共有する。「エンタテイメントシティ」や「スタートアップの聖地」を標榜しても、東京、あるいは、世界を代表する地位を確立・持続するためには「根」を張らなければなりらない。山が高くなれば裾野が広くなる理屈である。都市再生によるハイグレードビル林立は駅周辺における地価・家賃の高騰を招き、賃料負担力に劣る主体が暮らす場は離れたところに移動する。エンタメ人材、スタートアップ企業、お洒落な飲食店も「外延化」する。従って、諸活動の受け皿

となるまちづくり、プレイスメイキングをGreater SHIBUYA内の各所で戦略的に展開し、駅周辺の拠点型施設との関係を構築、エリア内で有機的に連携する意義は大きいと言える。たとえば、ニューヨークブロードウェイの周辺にある「オフ・ブロードウェイ」という比較的小さな劇場が人材輩出の源となっていて、大劇場の演目を支えているが、同様の構図を渋谷においてもBunkamuraやシアターオーブを中心にエンタメ産業「エコシステム」（＝生態系）が持続的に変化・成長する仕組みを創る、というテーマである。

　渋谷駅拠点と周辺を結ぶ「軸」の整備が有効ではないか。渋谷の街アイデンティティを持つエリアは小さく、周りを存在感のある街が取り囲んでいる特徴を生かすまちづくりである。渋谷と原宿間、渋谷川暗渠上で発展したキャットストリートはその１つである。

　キャットストリート界隈は元々「穏田（おんでん）」と呼ばれる農村地帯で、清らかな小川であった渋谷川は子どもたちの遊び場であった。その後の高度経済成長に伴い周辺建物からの生活排水で渋谷川の水質は悪化、1964年の東京五輪の頃、渋谷川には蓋がかけられ暗渠化、道路となり、上に滑り台やブランコ、砂場といった子ども用遊具が整備され、川で遊んでいた子どもたちが道路上で遊ぶようになった。子どもだけではなく野良猫も多く集まり、「キャットストリート」という名の由来と言われている。

　元々、原宿はワシントンハイツ居住者のための店舗が点在し、異国情緒ある佇まいであったが、飛躍のきっかけは1970年頃生まれたDC（デザイナーズ & キャラクターズの略）ブランドである。70年台後半から80年台にかけてラフォーレ原宿、パルコ、丸井といったファッションビルに多くのブティックが集積、原宿には洋裁学校もあったが、デザイナーの卵である卒業生が洋服をつくり洋品店で売るようになりファッションストリートとなった。1980年代後半のバブル経済時、多くのブランドショップが出店、これに伴いキャットストリートが、表参道に面した「表」と対比される「裏」として注目されるようになり、1990年代半ばくらいから古着系やインディーズ系の個性的ショップが集まり「裏原宿」という独自のアイデンティティで流行を発信する街となった。「裏」は「表」と比べて家賃も安いので若い人が店を始めやすい、スタートアップ涵養の素地である。

その後、このストリートに魅かれ1998年のパタゴニアのような大手資本も進出する。そして、キャットストリートをメイン歩行者動線としていく上で強く後押ししたのが、2017年に都有地を定期借地（70年）する形で開業した渋谷キャスト（16F、床面積35千m²、図2.17）である。

図2.17　渋谷キャスト

街文化に馴染むクリエイターの拠点とすべくオフィスや住宅を供給、ビル前面の広場でイベント開催、ストリートの賑わい演出に貢献する。スタートアップにふさわしいシェアオフィスもあり、住宅には「Cift」という住民間コミュニティ支援の仕掛けや「場」づくりとともに、イノベーションの拠点になった。さらに、新宮下公園整備事業（MIYASHITA PARK、2020年開業）は「通路」的な機能しか持っていなかった渋谷川暗渠を「渋谷横丁」という若い世代の支持を集める界隈性と活気のある飲食店街を以て、弱いとされていたキャットストリート渋谷側におけるパフォーマンス向上に貢献している。

キャットストリートから渋谷駅街区、国道246号線を渡ると、渋谷ストリーム脇の渋谷川が再生された河川上空広場に到達する。かつてあまり人も立ち寄らなかったこのあたりも、開発に伴い清流復活水が護岸壁を流下する「壁泉」による水音が清涼感を奏で、休日にはイベントで賑わい、夜

はライトアップが彩る快適な空間へと変貌した。東横線地下化後の線路跡地と駅前の河川用地を交換する土地区画整理事業により河川幅員が広がり、カミソリ護岸を緩傾斜化、遊歩道も整備された。並木橋の先には認定こども園、ホテル、オフィス、店舗から成る「渋谷ブリッジ」が、さらに、JR線路を跨ぐ歩道橋の先にはクラフトビールの醸造を売り物とするレストランをはじめコテージライクな木質感のある低層店舗が連なる「ログロード代官山」が、さらに山手通りを渡り、2019年にでき上がった東京音楽大学キャンパス内を通り、下りると目黒川に至る。東横線高架下店舗で賑わう中目黒の街へと、渋谷からの徒歩到達圏内にそれぞれ異なった特徴のある街が連なっている。

　他にもラジオスタジオや物流施設をリノベーションしたユニークなイノベーション拠点「100BANCH」など、沿道にも施設が点在し、あたかもニューヨーク「ハイライン」のようなまちづくりを渋谷で再現する「X-stream」プロジェクトである。Stream はその名の通り「流れ」を意味し、X とはさまざまな経験（Experience）ができる面白いエキサイティング（Exciting）な場所であること、さらには「DX」の X と同様、トランスフォーメーション、すなわち「変革」の起点であることを暗喩している。

　既に代官山ではヒルサイドテラス（1969年）、アドレス（2000年）、T-SITE（2011年）といった施設を以て集客力を高めていた。そのもう1つ先の中目黒では、都内有数の桜スポットとしての目黒川はもとより、駅前再開発によるシンボリックな超高層ビル、ゲートウェイタワー（2002年、25F、床面積58千m²）とアトラスタワー（2009年、45F、床面積71千m²）もあり、2016年には東横線・日比谷線下にファッショナブルな飲食店が並ぶ「中目黒高架下」も開業、賑わいを増した。渋谷とは異なるアイデンティティで切磋琢磨し、お互いの価値向上を目指した。

　キャットストリートと X-Stream を結ぶ南北縦断軸の他にも、文化村通りから暗渠化された宇田川を通り代々木八幡・代々木上原方面に至る「奥渋谷」や、「裏渋谷」とも呼ばれる神泉の商店街から駒場東大前、下北沢方面に向かうもの、さらに、青山通りから表参道・外苑前方面、渋谷川を辿り恵比寿・広尾方面、首都高速道路沿いの三軒茶屋方面、六本木方面などが軸の候補として挙げられる。歴史を振り返ると「軸」型まちづくりには、

鉄道の駅整備と密接な関係がある。元々銀座線の小ぢんまりした駅だった表参道は千代田線と半蔵門線の整備に伴い、1978 年に交通結節点駅へと生まれ変わった。同じような時期に青山ベルコモンズ（1976 年）、ハナエ・モリビル（1977 年）、ラフォーレ原宿（1978 年）が開業、このエリアが大きな変貌を遂げている。暗いイメージもあった恵比寿駅だが、1996 年の埼京線開業とともにファッショナブルな駅へと変わり、2 年前の 1994 年に恵比寿ガーデンプレイス、駅ビルアトレ恵比寿（1997 年）開業もあって街の賑わいへと繋がった。

　代官山駅は、東横線のホーム延伸工事（8 両化）により 1989 年に新駅となり、その後、隣接する同潤会アパート跡地再開発によりでき上がった代官山アドレス（2000 年）との相乗効果を発揮している。神泉駅のリニューアル（1996 年）はマークシティの開業（2000 年）、一直線に道玄坂上へと繋がるマークシティモールにより人の流れとオフィス立地を誘導、地域密着型地域の駅前商店街であった神泉仲通りはランチタイムやアフターファイブのための飲食店集積ができた。お洒落な居酒屋やバルが連なる盛り場的ストリートへと変貌し、2016 年には「裏渋谷通り」と改名される。2020年には原宿駅や代々木八幡駅も新駅へと刷新された。今後のまちづくりに向けての起爆剤として期待される。東急本店跡地再開発（Shibuya Upper West Project：2027 年度竣工予定）もあることより、代々木八幡駅方面に至る「奥渋谷」軸まちづくりは将来の大きな可能性を感じる。

　Greater SHIBUYA のもう 1 つの特徴は、エリア内に多くの大学が存在していることにある。ど真ん中に位置する渋谷スクランブルスクエア 15F にある QWS はいくつかの大学と連携する広域産学交流施設だが、まさにそのお膝元にも青山学院大学、実践女子大学、国学院大学、東京大学（駒場）、東海大学、聖心女子大学、昭和女子大学、津田塾大学、東京音楽大学とある。歴史的にも青学、実践、国学院、東大は、国鉄（日本鉄道）、玉電、東横線、井の頭線とほぼ同時期（19 世紀末〜1930 年代）の開設である。まずは鉄道と大学ができ、その後、百貨店をはじめとした商業施設へと移った。慶応義塾大学のように渋谷から延びる鉄道沿線上の大学もあることより、「若者の街」渋谷の重要なバックボーンである。この歴史的背景・文化を踏まえて、既存リソースを活用した、拠点と軸により構成される広域エ

リマネにより「シブヤ系」という言葉で表現されるサブカルチャーを生み出した歴史を踏襲しイノベーションを生み出す土壌を涵養する持続可能な枠組みが求められる。

サステナブル田園都市研究会の第9回目は、このGreater SHIBUYAのまちづくりがテーマである（2022年10月25日、参加者144名、場所：渋谷QWS）。渋谷のラジオ『渋谷商店部』番組との共同企画で、渋谷のまちづくりに長く関わっている一般財団法人計量計画研究所の岸井 隆幸代表理事、東京都市大学都市生活学部中島 伸准教授他から話題提供いただき、青山、広尾、中目黒など、渋谷駅から離れたエリアでまちづくりを先導する人々も交えての意見交換であった。

要約すると以下の通りである。

■第2期CBD再構築にてリアル＆サイバーで"Deep"渋谷を開拓する。
■駅周辺開発に伴い温室効果ガス排出削減、緑化配慮まちづくりが進む。
■多様性やウォーカブルがGreater SHIBUYAのキーワードである。
■青山、広尾、中目黒も大山街道、渋谷川など「軸」により一体化する。
■桜、ミツバチなどの自然リソースは、まちの一体感向上に有効である。
■拠点とモビリティによるまちづくりを進める＝SMILEプロジェクト。
（3.1.2において、中島准教授より紹介され、都市の回遊性を向上する小さな拠点づくりによる都市デザインが論じられる。）
■地域通貨によりHUB（ハブ）・拠点資質を活かすネットワークを創る。
■新宿など街間競合において、多様な主体を巻き込むエリマネを進める。
■エンタメ、スタートアップなどさまざまなサステナブルを発信する。
■"Greater"は駅からの距離ではなく、都市や街との繋がりではないか？
■内輪の盛り上がりで満足せず持続的地域の成長や課題解決に貢献する。

大改造が進む渋谷駅周辺だけではなく、周辺の街の持つ個性ある資質とも掛け合わせることにより、より一層パワーアップし、存在感、発信力を発揮でき、社会課題解決にも貢献できる。

2.4.2 世田谷ペンタゴン

少し渋谷を離れよう。田園都市線急行で、渋谷の次が三軒茶屋である。

　大山街道が登戸を経て鎌倉に至る道（今の世田谷通り）との分岐点（追分）で三叉路に3軒の茶屋が並んでいたことが地名の由来となっている。田園都市線（新玉川線）開通前にあった渋谷から玉川に至る路面電車「玉電」はここで分岐、下高井戸までの区間5kmが本線から遅れること18年、1925年に開業した。従って、三軒茶屋駅は2つの鉄軌道と国道246号線と世田谷通りを走るいくつものバス路線が集まる交通結節点である。高度経済成長期、自家用車の普及は道路空間のひっ迫を招き路面電車は廃止された。玉電の廃止には首都高速道路新規整備のための柱空間確保や、郊外（多摩田園都市）から急速に増えつつあった輸送需要を捌くべく、高速大容量鉄道ニーズがあったこともあるが、世田谷線についても、いずれは廃線しバスにて代替という案も検討された。

　しかし、これは実際には起こらなかった。都市の郊外化に伴い停滞・減少傾向にあった世田谷区の人口だが、21世紀に入った頃からむしろ増加へと転じる。1995年の78万人が2005年に84万人、2015年には89万人、2020年には90万人と25年間で15%も増えた。女性の社会進出が高まることにより、昭和型ファミリーの郊外生活よりも通勤・通学をはじめとしたさまざまなシーンでの利便性の高い都心に近いエリアの魅力度が高まったことによると考えられる。

　ところが、コロナ禍をきっかけに、人口の流れは再び郊外へと向かった。世田谷のこのあたりは都心でもなく郊外でもない、どちらの要素を合わせ持つ「ハイブリッド型」の街で、その中で都心型の拠点性を発揮しているのが三軒茶屋である。1996年に開業した駅前の再開発ビル「キャロットタワー」は、地上27Fのランドマークとしての役割を果たすだけでなく、77千m²にも及ぶ主としてオフィス床供給に加え、世田谷パブリックシアターによる文化の拠点にもなっている。再開発に伴い世田谷線の駅は欧州のLRTを髣髴するようなファッショナブルな空間へと生まれ変わり、地域のシンボルとなった。

　世田谷線は三軒茶屋から西へと向かい上町で大きく北へと向きを変え、山下で小田急線と交差接続（小田急は豪徳寺）後、京王線と接続する下高井戸にまで至るルートである。沿線には松陰神社、代官屋敷、世田谷八幡、豪徳寺といった史跡もあることより観光路線的色彩も強く、事実、招き猫

発祥の地豪徳寺に倣い玉電開業110年にあたる2017年に走らせたラッピング「猫電車」（図2.18）はSNSなども通じて話題を呼んだ。

図2.18　世田谷線

通常の電車より小型の路面電車サイズの車体によるスローモビリティで共感を呼びやすいのか、世田谷線は単なる移動手段としてだけではなく、地域のシンボル・シビックプライド的役割も果たす。三軒茶屋大道芸、松陰神社幕末維新祭り、世田谷楽市楽座、下高井戸音楽祭といった秋のシーズンに沿線の街々で開催されるイベントを一括りにして「世田谷線沿線イベント」と称し、「えんどう豆」マネジメントの取り組みの一例である。

世田谷線は東急による運営だが、この地域には京王と小田急、合わせて3社の「沿線」が重なり合う。下高井戸から新宿方面北東へと向かうと京王線と井の頭線が交差する明大前があり、明大前から井の頭線を南東渋谷方面に向かうと小田急線と交差する下北沢が、下北沢から茶沢通りを南下すると三軒茶屋に戻る。下北沢～三軒茶屋間の茶沢通り沿いは、さまざまな店舗で賑わい、2kmあまりを歩く人も少なくない。三軒茶屋、上町、下高井戸、明大前、下北沢を結ぶ五角形（＝ペンタゴン）をアイデンティティとするエリア形成の可能性もあるのではないか？ちなみに、その中心に位置するのが世田谷区役所であるように、全域世田谷区内、京王、小田急、東

急の3社が関与する広域エリアマネジメントである。

　世田谷線の沿線だけではなく、少し広い範囲を眺め浮かび上がるのは、三軒茶屋と並ぶもう1つの拠点、下北沢である。かねてより、本多劇場を中心とした演劇・エンタテイメントの街、また、典型的な「ジェイン・ジェイコブス」型、細街路が入り組み、さまざまな店が軒を連ねる、歩いて楽しい界隈性のある街である。雑多ながら活気のある、加えてエンタメ産業集積による独特のサブカルチャー的色彩のある下北沢の街に大きなインパクトを与えたのが、2004年に工事着手した小田急線の地下化である。元々、鉄道の輸送力増強を目的としたプロジェクトだが、世田谷区内では連続立体交差事業と一体的に進められてきたこともあり、開かずの踏切解消を含め、地域の価値向上に資するまちづくり的色彩も濃く、下北沢地区もその例外ではなかった。当初、立体交差事業採択の条件でもあった都市計画道路の必要性についての議論もあったが、まさに「価値共創（CSV：Creating Shared Value)」の典型とでも言えるさまざまな主体による議論を経て、プロジェクトは進められてきた。

　2013年には線路が地下へと移設され、跡地の整備が始まる。Greater SHIBUYAにおけるX-stream（東横線地下化跡地）と同様、モデルとしたのはニューヨーク・ハイラインであった。延長1.7km、面積27,500m^{2}に及ぶエリアだが、「下北線路街」と称し、緑を増やし、街の回遊性を高めることなどを通じてまちづくりへの貢献を強く意識した都市開発を目指している。中でも2020年4月、下北沢〜世田谷代田間に開業した「ボーナストラック（BONUS TRACK)」は、その特徴的な建物デザインとテナント構成で存在感と集客力を発揮している。この地域の歩行者回遊性を妨げる幹線道路・環状7号線のバリアも克服し、下北沢における拠点性の向上効果を広域で共有する、Greater SHIBUYAにおける渋谷ブリッジやログロード代官山と同様の役割も期待できる。

　また、小田急電鉄だけではなく、下北沢では京王電鉄も開発を通じて積極的にまちづくりに関与している。茶沢通りと駅前を繋ぐアクセス道路の整備と併せて高架橋化した井の頭線の高架下と周辺空間を活用した「ミカン下北」が2022年3月に開業、商業だけではなくコワーキング・シェアオフィスも入れた複合型の都市開発により、長年「工事の街」であった下北

沢の駅前は一変することになった。京王電鉄はこの施設をプラットフォームに「下北妄想会議」なるコミュニケーションの「場」も開設、地域の資源を活かしながらの沿線価値向上に向けた取り組みのフロントランナーの役割を担うことになる。発端は鉄道工事であったが、これが完了後における京王、小田急両者のまちづくりへの参画により、下北沢のステイタスは格段に上がることになった。

さらに、京王線明大前、下高井戸は2013年から事業化されている笹塚〜仙川間連続立体交差事業区間内にあり、線路の高架化とともに、駅前広場の整備、再開発などプロジェクトが計画、検討されている。数十年かかる長期的視野を持った取り組みになってくるのだが、変革・飛躍に向け千載一遇のチャンスである。五角形のうち2辺をなす世田谷線は2019年、いち早く100%再生可能エネルギーによる運行とした(今は東急電鉄全線に拡大)。単に東急の一企業としての環境活動の1つ、ということに留まらず、脱炭素・カーボンニュートラルを街ぐるみで進めていく上できっかけづくりとなり得る意義深い第一歩と見て取れる。

世田谷線では「沿線イベント」などで商店街連携の組織化が進んでいる。IC乗車券「せたまる」ポイントの地域通貨化や「フラワリング」と称する軌道内外敷地への植栽を地域と一体となって進める取り組みもあった。下北沢における地下化線路跡地の検討、京王線の連続立体交差とも地域、行政、企業が交流しながら街の価値を高めていく世田谷ペンタゴンには、サステナブルなまちづくりには欠かせないCSV(Creating Shared Value)価値を共に創る素養が備わっている。

五角形の中の2つの拠点、下北沢と三軒茶屋を結ぶ茶沢通りは、「納豆」構造の象徴としてポテンシャルがある。合わせてこれからのデベロッパー・TOD事業者の新たなビジネスモデルとして、細かい敷地をまとめて大きな床とし、価格=価値を上げる再開発事業に加え、ストリート沿いの小物件活用に関与することにより街の価値を上げることにより収益化することも考えられる。この問題意識のもと、茶沢通りを研究すべく東京都市大学坂井 文教授ゼミ学生によるグループワーク発表、意見交換会を2023年4月27日、三軒茶屋の三恵ビル会議室においてサステナブル田園都市研究会として開催した(第15回、参加者66名)。2グループより提案があり、1

つ目は「グリーンとクリーンな茶沢通りを目指して」と題し、

■ゴミ箱増・モビリティ化、リサイクルを通じ循環型社会とする。

■プラスチックゴミを人工芝へとリサイクルし、茶沢通りに敷く。

■生ごみは肥料化、都市農業と連携、緑道とネットワーク化する。

と提案し、

■茶沢通りの「ウォーカブル」は大テーマ、人工芝は有効では？

■毎週実施されている歩行者天国（三軒茶屋）の知見を活かす。

■SDGs 共感企業協賛などによりマネタイズ、事業を成立させる。

■緑が増えたこと、ゴミが減ったことを指標・KPI 化する。

■まちづくり活動の担い手を商店街以外からいかに募るかは課題。

■非物販店舗比率が高くなってきた商店街まちづくりも変わる。

■車を止めること、歩車が共存できるデザインは検討に値する。

との意見交換があった。

　2つ目は「茶沢通り串だんご化計画」と題し、

■SNS による若者との連携、ポイ活アプリにより来街者を増やす。

■三軒茶屋、下北沢両エリアでの買物喚起イベントを開催する。

■2緑道間で丘地形の代沢十字路で車道地下化・地上広場化する。

と提案し、

■代沢十字路あたりに核となるような店を誘致すると効果的。

■2つの街を結ぶまちづくりへと導く商店街連携枠組みをつくる。

■2つの緑道との交差部のポテンシャルも高い。W 地形を生かす。

■物販、飲食、サービス比率は三軒茶屋、下北沢とも似ている。

■多様化している業種（含医療）の商店街をいかにまとめるか？

■若い出店者が加入したい商店街組織にならなければならない。

■EC 進化もあり駅近優位性はない。ストリートをいかにつくるか。

という意見交換があった。坂井教授は 3.2.1 において、特に三軒茶屋駅周辺のまちづくりに焦点を当て、持続可能な都市空間計画・マネジメントについて論じている。

　3つの鉄道・TOD 事業者がほぼ対等のウェイトで関わるこの「世田谷ペンタゴン」のまちづくりとは？

　この問いへの答えを探るべくサステナブル田園都市研究会を、世田谷線

松陰神社前駅近くの「100人の本屋さん」にて開催した（第22回、2023年12月5日、参加者64名）。五角形のまさに中心に位置する国士舘大学理工学部の寺内 義典教授他から話題提供をいただき、以下の意見交換があった。

■安全なウォーカブル空間確保に向け、データ活用による合意を図る。

■駐車場空スペースなどをプレイスやモビリティハブで価値を上げる。

■市民活動に基づき農・まちを支える生態系支援、格差解消に取り組む。

■まちづくり会議などを通じ「三茶のミライ」により気運が盛り上がる。

■「しもたかConcept Book」は連立後"繋がり"まちづくりを確認した。

■連立により下高井戸は永福町方面と繋がり、世田谷線を活用する。

■「徒歩・自転車20分圏内ローカルな日常を豊かに」を参考にする。

■ゴミなど地域課題解決に向け、下北沢ではエリマネ組織を立ち上げる。

■コンサルティング事業を通じ空家対策などまちづくりに貢献する。

■農地や生産緑地を"プレイス"ネットワーク化し「納豆」構造へと導く。

■シビックプライド・来街者増に向け路面電車は有効（富山、宇都宮）。

■官民連携・TOD事業者プラットフォームで先駆的取り組みを展開する。

2.4.3 二子玉川・溝の口

　全ての街や駅において、「サステナブル」は取り入れなければならない第一義的理念であることは間違いない。既定概念を取り払い、新たな領域に挑戦していく上でさまざまな人々、主体が集い議論を討わすことができる「場」があった方が一歩先んじる。昨今のDX技術の進化もあり、「場」運営はもちろん、オンラインでも可能だが、一方でリアル「プレイス」の方が象徴性は高まり、人や企業を惹きつける。田園都市線軸では渋谷に「場」（＝エリマネ的組織）と「プレイス」（たとえば、QWS）があるが、郊外に向かい、次にこの条件が整う街は二子玉川ではないか。

　「ニコタマ」の愛称も定着し、都内有数のハイブランドエリアとして知られているが、そもそも世田谷区内に「玉川」はあったが「二子玉川」という町名は存在しない。江戸時代庶民の人気レクリエーションであった大山詣での人々が行き交う大山街道は赤坂見附から渋谷、世田谷を通り、田園都市線と並行した先、鶴間、海老名、本厚木を経て丹沢大山に至る「軸」

であったが、川崎市側の溝口宿と多摩川を渡る二子の渡し船で賑わう街であった。維新後の近代まちづくりのきっかけは、1907年の玉川電気鉄道（玉電）の開業である。このときの駅名は「玉川」であった。多摩川の砂利運搬を主目的として敷設された玉電だが、その後、徐々に旅客輸送の比重も高まり、1927年には多摩川を跨ぐ橋を架設し溝の口へと延伸した。2年後の1929年、目黒蒲田電鉄（後の東京急行電鉄）により大井町線が開業、駅名を「二子玉川」とした。これが「ニコタマ」の起源である。既に丸子多摩川駅（現多摩川駅）があったため、これとの混同を避けるために対岸の「二子」という地名と組み合わせたのではないか、と考えられる。とあるテレビ番組で、二子新地のことを「じゃない方のフタコ」と紹介していたことがあるが、歴史を振り返ると「じゃない方」は二子玉川であった。

　二子玉川ライズがある場所には遊園地があった。1922年、玉電による玉川第二遊園地が起源だが、その後、読売遊園（1939年）、二子玉川園（1954年）と名を変え1985年まで続いた。鉄道ネットワークも進化する。玉電の溝の口までの区間は戦時中の1943年、溝の口周辺の軍需工場に向けた輸送力増強を目的に大井町線になった。その後、多摩田園都市の開発に合わせ1963年大井町線は田園都市線へと改名する。玉電は1969年に廃線となり、1977年に取って代わる新玉川線が開業、2年後の1979年に大井町〜二子玉川園間で大井町線という路線名が復活、その後、内側の新玉川線・田園都市線、外側の大井町線を入れ替え、かつ溝の口までの複々線化工事を経て2009年、大井町線は溝の口まで延伸した。

　田園都市線と大井町線の2つの鉄道路線が合流する交通結節点であると同時に、大山街道、多摩川という「軸」も交差する二子玉川であるが、過去の3つの挑戦的な事業・取り組みにより、単なる郊外型拠点とは一線を画する特徴を際立たせている。第一に、1969年に開業した玉川高島屋SCである。既に横浜（高島屋）や千葉（そごう）に百貨店出店はあったが、県庁所在地のような拠点都市ではなく、このような郊外では初めての取り組みであった。この後、吉祥寺、町田、所沢、聖蹟桜ヶ丘、たまプラーザ、上大岡などで大型商業施設（百貨店）を核にしたまちづくりが進むが、その先鞭をつけたのが二子玉川であった。沿線住民から見れば、渋谷など都心に加えて二子玉川と買物など休日に訪れる街の選択肢が増え、より「豊か

な」生活へと貢献している。

　第二に、新玉川線（今は田園都市線の一部）の建設である。路面電車玉電を置き換えた高速地下鉄で、主たる目的はさらに郊外の多摩田園都市から都心へのアクセスルートの整備であったが、同時にこれは二子玉川からのアクセス向上も意味する。前述の通り推定500億円という巨額の工事費故、東急単独での整備を危ぶむ声も少なくなかったが、当時の社長五島 昇は渋谷〜多摩田園都市軸を東急ブランドで統一することに拘り、P線という新たな整備制度とともに事業化した。結果、二子玉川はこの「サステナブル田園都市」軸の中で中核的なポジションに位置することになった。

　そして、第三は、駅前の遊園地（二子玉川園）跡地など再開発によりできた二子玉川ライズ内におけるオフィスである。もちろん、郊外におけるオフィスは必ずしも珍しいものではなく、駅前のビルがオフィス用途でさまざまな企業の支店や営業所が入居している郊外拠点はいくつもある。しかし、二子玉川ライズにおいてつくられたオフィス床は10万㎡にも及び、ここに楽天本社が入居することにより、住むことを中心とした街は「働く街」へと変貌した。

　オフィス床の中には、「カタリストBA」というイノベーション創出の拠点となる「プレイス」も設けられ、「クリエイティブ・シティ・コンソーシウム：Creative City Consortium」（通称CCC）というこの理念に賛同する企業から成る「場」もつくられた（2023年7月、本来の役割を終えたとしてCCCは解散、カタリストBAも閉鎖）。サステナブルなまちづくりの主要素の1つであるイノベーションを生み出す基盤を整えた。CCCが提唱したプラチナトライアングル、すなわち都心側イノベーション拠点でもある渋谷と二子玉川を結び、かつ大井町線を東進したところにあるちょっとお洒落な商業拠点自由が丘を頂点とした三角形の広域エリマネの有効性が示唆される。

　二子玉川ライズの開発に合わせ設立されたエリマネ組織「二子玉川エリアマネジメンツ」は駅を中心としたまちづくりを意図したものだが、むしろその主たる活動エリアは鉄道と交差するもう1つの軸である「多摩川」の河川敷になっている。TOKYO ART FLOW（2016年、図2.19）やキネコ国際映画祭（2016年〜）のようなイベントで使われてきた実績はある

が、多目的活用により地域社会に貢献し新たな価値を創る「ミズベリング」の理念とも合致し、情報発信拠点になっている。

図2.19　TOKYO ART FLOW・多摩川河川敷国道橋脚の活用

　キッチンカーをはじめ普段は静かな公共空間にも賑わいが生まれ、人と人とが交流する「プレイス」と化す。交流範囲は二子玉川という限られたエリアに留まらず田園都市線と多摩川、2つの軸上に広がった。二子玉川は世田谷区だが、川の向こう側は川崎市なので、行政境を越えた広域にわたるまちづくりである。

　地形を見ると、二子玉川の世田谷区側隣駅は田園都市線が用賀、大井町線が上野毛とともに国分寺崖線の上にある。徒歩や自転車で行き来するためにはかなりの急坂を上下しなければならず、同じ世田谷区内ではあるが「バリア」である。一方、多摩川の対岸は川崎市だが、元々、度重なる氾濫により蛇行を繰り返した歴史故、等々力、野毛といった地名が両岸にあるなど、河川敷のバリアはあるものの、街としては川を挟んでいても一体感を持っている。二子玉川には大山街道が東京側の瀬田村から神奈川側の二子村へと渡す「二子の渡し」があり、渡った先は二子新地、「新地」はすなわち「花街」を意味し、渋谷の円山町と同様、「三業地」（待合、料亭、置屋の3つがあるところ）と呼ばれる歓楽街があった。今でも料亭「やよい」

のように往時をしのぶ古民家も残る。

　田園都市線は、溝の口を出ると梶が谷との間にトンネルがあり、これが多摩田園都市の入口である。トンネルの手前は雨でも向こう側は雪と言われた。従って、多摩川流域のアイデンティティを感じさせるエリアは溝の口あたりまで、逆に言えば、二子玉川から多摩川を越え、二子新地、高津、溝の口と繋がるエリアは一体感を持つ「えんどう豆」的な街と見て取れる。国土交通省発行のハザードマップによれば、この4駅は想定し得る最大規模の降雨（計画規模を上回るもの）があった場合、3〜5m水深の洪水浸水リスクがあるとされ、防災、都市のレジリエンスの観点から、一体的な備え、取り組み、政策、戦略が必要である。加えて、旧大山街道を生かした、歩いて楽しいまちづくりにも可能性を秘めている。

　川崎市側の拠点溝の口も二子玉川と同様、複数の鉄道（東急田園都市線、JR南武線）が交差し、多くのバス路線が集まる交通結節点である。古くは大山街道沿いの商業地であったが、1927年の南武線開業以後、東芝、日本電気、富士通など沿線への工場、研究所の進出が相次ぎ、ターミナルでもある駅前に商業集積が進んだ。ノクティのような再開発ビルによるものもある一方、溝の口の特徴は、二子玉川の高島屋やライズとは好対照をなす、一杯飲み屋が軒先を連ねるちょっと隠微な界隈性のある一画である。サステナブルな街に欠かせない要素として、ル・コルビジェ的なものとジェイン・ジェイコブス的なものの両者が必要であることは既に記したが、二子玉川がどちらかと言うとル・コルビジェ的、溝の口がジェイン・ジェイコブス的な色彩が濃いと言える。従って、この2.5kmあまり隔てた2つの街を結ぶ一体の沿線エリアには「強さ」を感じ取れる。

　溝の口では脱炭素への取り組みが進んでいる。川崎市はかつて大気汚染をはじめとした公害を、行政、企業、市民が一体となって克服した実績があるが、この経験と知見を生かし、多主体の連携型で気候変動問題に向き合っている。全国で初めて、304にも及ぶ企業や団体の賛同を得て脱炭素戦略を策定、溝の口がそのモデル地区として指定された。モデル地区では、再生可能エネルギー、燃料電池車、照明のLED化、水素ステーション、ビオトープ・環境学習、マイバック・マイボトルなどさまざまな取り組みを集中している。身近な取り組みを「見える」化していくことで、脱炭素に

向けての市民の当事者意識を高める。人任せではない「自分ごと」として認識してもらうことが重要である。溝の口を先駆者として位置づけることで、川崎市内あるいは、田園都市線や南武線沿線におけるフォロワー的なまちづくりが期待でき、これを先行者として目指すべきではないか。

　この観点で、溝の口から見た二子玉川はその拠点性ゆえ、また、わずか2.5kmという間近な街であることからパートナーとしての可能性を感じ取れる。もちろん、この2つの街の間には東京都（世田谷区）と神奈川県（川崎市）の行政境があり、多摩川というバリアがあるが、むしろその河川敷は地域のアイデンティティを発信拠点できるブランディングの拠点としての資質もある。実際、世田谷区と川崎市との間には2014年、包括連携協定が結ばれていて、2017年5月に二子玉川のカタリストBAにて川崎市高津区の「車座集会」という会合が、2018年5月には多摩川河川敷で綱引き大会が開催されるなど、川を挟んだ地域交流が進められてきた。

　二子玉川と溝の口の間には二子新地、高津、2つの駅がある。元々、路面電車玉電が延伸されたという歴史的背景もあり、駅間が1kmを切る地域密着性の高い区間だが、その後の高架化、さらには1995〜2009年の間に行われた複々線化工事により、鉄道4線分の幅を持つ広大な高架下空間が広がる。東急電鉄は川崎市とも連携、鉄道工事と同時進行で、その後、でき上がってくる高架下空間をどのように活用していくのかということを討議するワークショップを開催した（2006年）。その結果、商業施設や保育園とともに、「にこぷら新地」というコミュニティ施設ができ上がり（2014年）、これに先駆け管理運営するDT08というNPOが設立された（2013年）。

　DT08というのは、二子新地が渋谷から数えて8番目の駅ということで駅名表示板にもあるサインと同じ名称である。このエリアには線路と並行する大山街道の旧道や交差する二ヶ領用水といったアイデンティある軸もあり、歴史と文化を生かした「ウォーカブル」まちづくりを進める条件が整っている。二子玉川ライズ、にこぷら新地、ノクティ、さらには多摩川河川敷といったプレイス、二子玉川エリアマネジメンツ、DT08、川崎市地球温暖化防止活動推進センターといった組織もあり、サステナブルな街を目指す資質は備わっている。

　このように、二子玉川・溝の口あたりは大山街道・田園都市線軸と多摩

川軸の交差部になる。中でも二子玉川の近年の変貌は著しく、これからの方向性はどうあるべきか研究すべく、2022年4月21日、二子玉川ライズ内にある東京都市大学のサテライト「夢キャンパス」において、同大学川口 和英教授ゼミ学生によるグループワーク発表会をサステナブル田園都市研究会として開催した（第5回、参加者76名）。

二子玉川は都心の「スパイキー」と郊外の「フラット」の中間に位置することより両者の性格を合わせ持ち、「クリエイティブシティ」としてサステナブルなまちづくりが求められる。2グループより①緑のスタンプラリーと②歩き稼ぐWalking Coinの提案があり、

■河川敷を活かしたまちづくり
■地域DXとの組み合わせ・アプリ開発
■SDGsとのリンク
■都心でも郊外でもない
■イノベーティブな働く場所（自然）
■ネイチャーベイストソリューション
■渋谷や多摩田園都市と結ぶ大山街道軸
■羽田や小田急沿線と結ぶ多摩川軸

の意見交換があった。

川口教授は3.3.2において、「集い」、「繋がる」街として二子玉川の未来とTODについて論じている。

2.4.4　たまプラーザ：次世代郊外まちづくり

ほとんど大山街道と並行する形で敷設された田園都市線だが、たまプラーザのところだけ街道筋から大きく逸れる線形になっている。旧六十二部隊演習地跡地を活用した拠点型まちづくりを意識し、その後、多摩田園都市の中核となるたまプラーザである。1982年に東急百貨店が開業したことにより、高島屋のある二子玉川と同様、沿線の他の駅とは異なる「ハレ」の場を過ごす街となった。

2010年にはたまプラーザテラスが開業、単に駅前にデパートがあるだけではなく、駅の抜本的な改造と周辺開発も含め、既存の百貨店もその一部

に組み入れられるような一大拠点へと変貌した。駅には、郊外駅の通念を覆すような大屋根が掛けられ、その下に無柱の開放的な空間が広がり、周辺施設との境界線・バリアを感じさせないデザインとなっていることより、鉄道による分断のない回遊性の高い駅づくり・街づくりが演出されている。

　導入された機能も、商業だけではなく、介護や保育園など多岐にわたる生活支援を意図したものも含まれ、同時に、たまプラーザテラスの存在感を際立たせているのは、羽田空港をはじめとする高速バスの発着拠点でもあることだ。東名高速川崎 IC に近い立地優位性を生かしたサービスだが、大規模で開放的な商業施設が異なる交通機関を繋げる結節点として、利用者にとっての心地よさ、使いやすさをもたらすことを証明した、TOD 視点で重要な示唆を与える事例である。

　高度経済成長期、東京への人口集中に伴う旺盛な住宅需要に支えられ、郊外における「田園都市」的ニュータウン開発が進んだ。田園都市線沿線の多摩田園都市だけではない一般的な傾向で、国策として進められた多摩、千葉、港北ニュータウンはもちろん、各鉄道沿線において、規模や形態はさまざまであるが、都市開発・街づくりが展開され、住むのは郊外、働くのは都心、電車で通勤という生活が一般化した。ただ、この傾向も 21 世紀に入ると変わってくる。人口の都心回帰傾向に伴い、郊外の相対的な凋落が目立つようになった。活力のあるファミリー層が続々と流入してきた「黄金の時代」は去り、高齢化、団地など集合住宅の老朽化、一戸建て住宅地における空き家、コミュニティの喪失などさまざまな社会課題が顕在化してきている。

　多摩田園都市も例外ではなく、むしろ元々丘陵地における土地区画整理ででき上がってきたこともあり、急な坂道が多いことは、お年寄りのモビリティに大きな支障をきたしているなど課題は山積している。失われた輝きを再び取り戻そう、と「次世代郊外まちづくり」の枠組みのもと、WISE Living Lab（2017 年）、CO-NIWA（2018 年）と相次いで人々が集まり交流できる「プレイス」が開業、既に定例的に桜祭り、盆踊り、クリスマスツリー点灯式といった地域イベントが開催されていた隣接する美しが丘公園とともに、駅北口、東急百貨店を越えた一帯はまちづくり活動の中心地となってきている。

　田園都市線は鷺沼、たまプラーザ、あざみ野と3駅連続で急行が停車する。多摩田園都市随一の拠点であるたまプラーザだが、隣接の鷺沼駅前でも再開発プロジェクトが進んでいる。鷺沼駅前再開発は川崎市と東急の包括協定に基づく。行政境を跨ぐものの、2つの駅間の距離は1.5kmあまり、桜のきれいなストリートで結ばれていることもあり、拠点間連携をいかに進め、サステナブルなまちづくりへと繋げていくのか、将来に向けての重要テーマと考え、東京都市大学林（イム）和眞准教授ゼミ学生によるグループワーク発表会を2021年11月25日、WISE Living Labにてサステナブル田園都市研究会として開催した（第2回、参加者50名）。

　鷺沼・たまプラーザと行政境を跨ぐ2つの駅勢圏の広域エリマネを題材としたもので、①たま沼ふらっとバス（自動運転・レベル2、運賃無料・補助金＋沿道受益者負担、専用アプリ・運行＋商店情報、自動運搬ロボットがバス停まで商品運搬、バスコミュニティボードやアプリでイベント募集）、②あすから始まる食むすび（エシカル消費による地域貢献、ロス回収・販売、生産緑地・農家との連携、アプリによる入荷・購入情報発信、キッチンカーの活用）、③自転車と生きるまち（電動自転車のサブスクリプション、自転車搭載ICチップによる移動情報収集、ローカルベンチャー企業による運営、自転車専用道路の設置、デザイン性のある駐輪場の増設）と3グループからSDGsやモビリティに関連する提案発表を行い、意見交換した。

　たまプラーザから鷺沼とは反対側の隣のあざみ野だが、横浜市営地下鉄3号線（ブルーライン）の新百合ヶ丘までの延伸が決まっていて、これまでバス便しかなかった田園都市線と小田急線との間が鉄道により結ばれることになり、新百合ヶ丘からは多摩センター方面、さらに、多摩都市モノレールで立川方面へと東京圏郊外における環状方向軸における1つの主要交通結節点として位置づけられ、拠点性の高まりが期待できる。

　ブルーラインの新百合ヶ丘までの延伸区間6.5kmはルートも確定、嶮山、すすき野、王禅寺に新駅も設置される計画である（2030年開業予定）。あざみ野〜新百合ヶ丘の中間に位置するすすき野団地に隣接する場所に2022年4月に開業した「ネクサスチャレンジパーク（図2.20）」は、たまプラーザ駅周辺を中心に展開されてきた次世代郊外まちづくりの発展形として、東急による先駆的かつ挑戦的な取り組みである。

図2.20　ネクサスチャレンジパーク

　すすき野団地再生をはじめ、新百合ヶ丘とたまプラーザという2つの郊外の異なる鉄道路線拠点間を結ぶことによる新しいアイデンティティが生まれてくるのではないか。新百合ヶ丘は川崎市、たまプラーザは横浜市と異なる自治体に位置しているがいずれもまちづくり活動が盛んで、小田急、東急という地域密着型の TOD 事業者が、鉄道やバスといった交通機関だけでなく、商業施設など運営も通じてまちづくりに関与している共通点もある。相反する性格を持つ結びつきである二子玉川・溝の口とは異なり、こちらは「似た者同士」のペアリングと言えよう。高度経済成長期に開発された郊外「田園都市」再生に向け、行政境をまたぎ異なる鉄道沿線を繋げる「納豆」型まちづくりである。

　ところで、WISE Living Lab はサステナブル田園都市研究会をはじめ、さまざまな主体が集まり交流する「プレイス」として役割を果たしてきた。川崎市の脱炭素（2021年10月13日）、田園都市線沿線まちづくり活動家ワークショップ（2022年2月16日）、コミュニティ通貨・地域通貨（2022年6月13日）に続き、2022年9月5日にはヨコハマSDGsデザインセンターとの共同企画で、東京都市大学佐藤 真久教授、慶應義塾大学厳 網林教授、横浜国立大学吉田 聡准教授他横浜市温暖化対策統括本部、さらに、市内で事業を営む鉄道事業者（東急、京急、相鉄）により「横浜市郊外のサステ

ナブルなまちづくり」をテーマに意見交換の場を持った（参加者102名）。
■分断解消に向け、SDGs共感による繋がりを強化し行動変容を促す。
■TODによるサステナブルなまちづくり指標化アプローチを活用する。
■SDGs先行都市横浜資質活用モデル事業を官民地域連携で拡散する。
■「場」づくりにより事業者に重要なサステナブルなまちづくりを進める。
■再生可能エネルギー、データ活用、ウォーカブルなど手法を駆使する。
■高度経済成長期の団地老朽化、高齢化、坂の多い地形などが課題。
■多様性を生かし、駅勢圏や小中学校区コミュニティ単位で連携する。
■コロナ後の新働き方により郊外再生機会が到来した（新"金妻"モデル）。
■地域や企業の持続的発展に向けたKPIを設定しなければならない。
■脱炭素を基本にまちづくりを見直し、「選ばれる」地域・企業とする。

　以上がディスカッションのポイントであったが、ポスト金妻モデルとしての郊外におけるサステナブルな生活スタイルに移行できる仕掛けを産、官、学、地域が一体となって考え、創り上げていくまちづくりの必要性についての認識は高まってきている。

2.4.5　南町田グランベリーパーク：町田、大和、横浜との連携

　多摩田園都市は、4つのブロックに分かれている。第1が川崎市高津区・宮前区、第2、3が横浜市青葉区（2と3の境が鶴見川）、第4が横浜市緑区、町田市、大和市、拠点が第1-鷺沼、2-たまプラーザ、3-青葉台、4－南町田になっているが、注目すべきは南町田の可能性である。2019年、「グランベリーパーク」と称し、駅・商業施設・公園の一体的な開発・整備案件が開業した。大屋根の開放的な駅空間、アウトレット店舗も入りさまざまな世代が回遊しながらショッピングを楽しめる商業施設、鬱蒼と木々が茂りやや「暗い」イメージもあったところを新しい遊具などで特にファミリー層を中心に一日過ごせる空間になった鶴間公園、子どもたちだけでなくシニア層も楽しむフットサルコートにより、かつての一郊外駅前住宅地は完全に「訪れる」街へと変貌、急行も停車し、郊外の一大拠点へと成長する兆候を示している。

　立地上の特徴は鉄道と幹線道路（国道16号線、246号線、東名高速道路）

との結節点ということにある。グランベリーモール時代にパークアンドライドの社会実験を実施したこともあったが、駅北口に新たに駅前広場が整備されたことや、16号線の高架バイパスができたこともあり、異なる交通手段の組み合わせで広域駅勢圏の核となる基盤は整った。特に「ヤンキーロード」とも呼ばれる16号線は、活力があり新たな文化を生み出す素養ある沿道を持つとも言われている。南町田での大規模開発が、田園都市線という鉄道沿線だけではなく、国道16号線沿道まちづくりにも一石を投じることになるであろう。

　もう1つの特徴として、境川（図2.21）、鎌倉街道、大山街道、横浜水道みちといったアイデンティティのある「軸」が集まるところにある。

図2.21　南町田・境川

　境川と鎌倉街道は並行するように南北に、大山街道は田園都市線と並行し北東から南西に、これに直角交差するように横浜水道道が北西から南東に、ほぼグランベリーモールにて交差するように通っている。南町田から境川と鎌倉街道を北上すれば町田駅周辺へと至るので、町田市の「核」と「副次核」を結ぶ強いアイデンティティを持つ「軸」である。南に向かうと小田急江ノ島線と並行し、湘南台方面へと向かう。

　一方、大山街道と横浜水道みちはすぐに町田市から外れ隣接する横浜市

や大和市へと入る。南町田グランベリーパークはこの3つの自治体の境界線に位置し、横浜市内長津田駅前にある長津田宿を発した大山街道は田園都市線と国道246号線と並んで南町田に至り、境川を渡った後、大和市内の下鶴間宿へと繋がる。かつてトロッコが通っていて今は水道管が地中に埋まっている横浜水道みち、相模原市内津久井湖から横浜市内野毛山に至る36kmあまりの直線的な遊歩道で、特に鶴間公園内、休日やイベント時にはキッチンカーが並ぶシンボリックな空間を提供しているが、大和市内の小田急東林間駅に至る区間（駅は相模原市内）は、「桜の散歩道」と呼ばれ、桜咲く季節は心地良いウォーキングやジョギングを満喫できるストリートである。

　横浜水道みちは横浜市内では南町田の東側に水源を持つ帷子川と並行し、相鉄鶴ヶ峰駅に至る。この南町田・鶴ヶ峰軸周辺には動物園ズーラシア、里山ガーデン、三保や新治といった市民の森など自然も多く残されている。グランベリーパークの単なる商業施設だけではなく、「軸」のアイデンティティを活用しながら、周辺の街、駅、さまざまなリソースと連携した地域観光（マイクロツーリズム）の可能性が考えられる。中でもこれから大きく変わろうとしているのが、2027年に国際園芸博覧会（通称「花博」）が開催される旧上瀬谷通信施設（米軍施設）跡地ではないか。

　戦前、旧日本海軍の基地であった242haにも及ぶこの広大な土地は、戦後米軍に接収され通信施設として利用されてきたが、2015年に日本に返還された。2027年の花博後の活用方法として物流や農業の他、大規模テーマパークとするアイデアが公表されている。同じ横浜市内の「みなとみらい21」地区の186haを上回る規模であることより、そのインパクトは計り知れない。「農」の活用などサステナブルなまちづくりの観点で主導的な役割が期待される。振り返ってみれば、みなとみらい21の都市開発も1989年の横浜博覧会をきっかけに、30年を超える長い期間をかけて市街化が概成されてきた。上瀬谷も長期的視野で東京南西部における拠点へと育て上げる広い視野での戦略、シナリオが求められる。

　南町田は行政境の近くであることより、駅を中心とした広域エリマネの難しさはあるが、いくつもの「軸」が集まり、周辺には多くのリソースがあることより、その潜在性は高い。商業施設と公園を一体化することによ

り賑わいは高まり、特に休日の鶴間公園ではさまざまなイベントが開催されることにより、単に心身をリフレッシュするだけではなく人と人とが交流する田園都市線沿線を代表する「プレイス」としての位置づけは高まる。印象的なのは子連れファミリー層の多さである。広範囲から人々が「訪れる」場所になってきている。元々、地域の人々の拠り所で活動の中心でもあったが、グランベリーパークプロジェクトに伴う公園空間整備により、その後背地・影響交流範囲はより広域化した。

「楽しむ」ことに主眼を置いたマイクロツーリズムに加え、東京都心から南西方向、大山街道・国道 246 号線・田園都市線方面は、大学や企業の研究機関さらには二子玉川の楽天に代表されるオフィス機能の進出において先駆的な役割を果たす郊外である。従って、渋谷と同じく「イノベーション」もまちづくりの主要テーマとなる。実際、東急が 1988 年に作成した「多摩田園都市 21 プラン」においても南町田、すずかけ台駅周辺が「先端産業ゾーン」として位置づけられていた。このエリアの特徴として、ステークホルダーとして関わる自治体（町田市に加え横浜市、大和市、相模原市）と鉄道事業者（東急に加え小田急、相鉄、JR）がいくつもあるということにある。これらを一体化し、集まる「軸」と周辺リソースを生かしながら、サステナブルなまちづくりを先導する仕組みづくりが求められている。

南町田の資質をいかにサステナブルなまちづくりへと活かせるのか？

この課題を研究すべく、東京都市大学諫川 輝之准教授ゼミ学生によるグループワーク提案発表・意見交換会を実施してきた。3.2.2 において、南町田周辺における地域資源の発掘と地域活性化提案として論じられる。過去、たとえば、グランベリーパークとズーラシアを結ぶ索道（ロープウェイ）といった斬新な提案もあったが、第 3 回目はサステナブル田園都市研究会として、2023 年 2 月 17 日、東京都市大学夢キャンパスにおいて開催した（第 13 回、参加者 82 名）。

2 グループより発表があり、第一に、「経験できる川、境川〜見るだけではない川との新たな関係を目指して〜」と、

■親水と浸水、両方に対応できる空間形成とする。

■「川との暮らしを安全に」と「川と学び、過ごす」

■川面を実感できる歩行者空間、ビオトープをつくる。

■護岸の階段化により川へ下りやすくし、緑で彩る。

■遊水地を多目的利用し、子どもの防災意識を高める。

■中洲の新設・活用などにより、水辺の回遊性を高める。

■照明演出でデザイン性を高め、水位アラートとする。

■新技術（例：流動的機能横断歩道）を活用する。

■音、イラストなど遊び心で、人々を公園から川に導く。

　第二に、「モビリティをきっかけとした新たな南町田・瀬谷地区」と、

■農業を生かすアグリツーリズモ、教育が提案できる。

■花見と市場を主要コンテンツとし、地元愛を育てる。

■子育て層や学生企業を対象に、担い手を育成する。

■グランピングなど事業により郊外「集客」拠点にする。

■花博に対応するため南町田～瀬谷間鉄道をつくる。

■環境に優しい燃料電池車、完全バリアフリーとする。

■戸塚、大船、金沢八景方面へ横浜郊外「軸」とする。

■横浜水道道を南町田と瀬谷を結ぶ自転車道とする。

■既提案のロープウェイを広げ、花博を上から眺める。

　このような提案・意見交換があった。

2.4.6　多摩川～蒲田～羽田：新空港線の活用

　田園都市線以外での「えんどう豆」、「納豆」構造研究対象として、東横線・目黒線多摩川駅から多摩川沿いを河口・羽田空港にまで至る東急多摩川線と京急空港線を結ぶ「沿線」が考えられる。元々あった目蒲線は今の東急の前身にあたる目黒蒲田電鉄により、目黒～蒲田間が1923年11月1日に全線開業した。既に3月11日に目黒～丸子（現沼部）間を先行開業していたが、同年9月1日の関東大震災の2か月後であった。震災後、人々の防災意識の高まりにより、より安全な郊外への転出が急増、目蒲線沿線の「田園都市」的な住宅地は人気を博することになり、その後の高度経済成長とともに、田園調布をはじめとした沿線は都内でも有数の高ステイタスエリアとしての地位を確立した。

　目蒲線が大きく変わったのは、開業後77年、2000年のことであった。

　それまで3両編成の電車がゴトゴト走る典型的な地域密着型都市型ローカル鉄道であったが、1980年代より工事が進められてきた東横線輸送力増強事業により、目蒲線は多摩川駅にて分断、目黒からの区間を「目黒線」、蒲田までの区間を「多摩川線」と名乗ることとし、目黒線は都心方で地下鉄南北線と三田線と、郊外方も分断当初は武蔵小杉であったが、その後、日吉（2008年）、相鉄線方面（2023年）へと延び、広域鉄道ネットワークにおける「幹線」として位置づけられることとなる。

　残された多摩川線は以前と同様「地域密着」を貫き、池上線と一体で雪が谷大塚車庫における車両運用による運営となっている。しかし、この多摩川線も「蒲蒲線」により広域鉄道ネットワークの一部となることとなった。分断と同年の2000年、運輸政策審議会答申第18号が公表され、京急空港線と東急多摩川線を短絡する路線（蒲蒲線、大鳥居〜京急蒲田〜蒲田）の新設がA2、すなわち目標年次（2015年）までに整備することが適当である路線として位置づけられた。懸案であった東京西側の池袋、新宿、渋谷方面からの羽田空港アクセスを副都心線、東横線、多摩川線経由での直通ルートにより提供する考え方である。

　羽田空港もかつては国内線専用の飛行場としての役割であったが、1980年代から進められてきた沖合拡張による容量拡大と2010年10月に供用開始した国際線ターミナルにより、世界都市東京の玄関口としての存在感が高まってきた。事業化に向けての検討が進められてきた通称「蒲蒲線」であるが「新空港線」と命名され、整備主体として2022年10月、羽田エアポートライン株式会社が大田区（61％）と東急電鉄（39％）の出資により設立され、事業が本格的にスタートしている。

　新空港線の主たる目的は羽田空港アクセスだが、一方でTOD視点では、全長5.6kmの東急多摩川線と6.5kmの京急空港線、同じくらいの長さで異なる会社の路線を繋ぎ1つの「沿線」を創るプロジェクトであるとも見て取れる。東急多摩川線沿線には下丸子、武蔵新田駅周辺エリアを中心に、TVドラマ「下町ロケット」でも紹介されたような高い水準の技術を誇る町工場が多くあり、住工混在地域であることより、両者の相互理解に基づくまちづくりを進める目的で、とある日に工場を一般開放する「オープンファクトリー」というイベントを2012年から、全国他地域に先駆けて積

み重ねてきた。昔ながらの風情を残す駅前商店街もあり、他にはない唯一無二の個性を持った地域である。この中小企業を主役とするハイテクエリアは東急線だけではなく京急線においても大田区内で羽田空港周辺に至るまで連坦的に繋がっている。

　また、多摩川沿いには町工場だけではなく、さまざまなクリエイティブな人材が集う土壌があるのでは、という問題意識のもと、2007～2009年には東急多摩川線の駅ならびに周辺を舞台として「多摩川アートラインプロジェクト」を展開した。駅構内を含めたさまざまな場所にアート作品を配置するとともに、ワークショップなどのイベントも開催することにより、新空港線整備を踏まえた世界へのゲートウェイ機能と沿線地域固有の資源を組み合わせた相乗効果発揮の機運向上を目的としたものであった。

　多摩川添い「えんどう豆」構造に大きなインパクトを与えるのが、羽田空港跡地第1ゾーンに整備された「HANEDA INNOVATION CITY（羽田イノベーションシティ）」（図2.22、2020年7月先行開業）である。

図2.22　羽田イノベーションシティ

　鹿島建設株式会社他企業コンソーシアムによる羽田みらい開発株式会社が運営するイノベーションの拠点には大田区によるプレイス「PiO」、ホテル、飲食他の施設が入居し、バスの自動運転他さまざまな先駆的な取り組

みが展開されている「スマートシティ」である。合わせて町工場他周辺の
リソースとの連携によるエリアマネジメントも意識している。地域との連
携という観点では、池上駅の高度利用とともにリノベーションスクールな
どまちづくりへの主体的関与により本門寺も含めた資源との連携を進めて
いる東急、「COCOONひろば平和島」という交流拠点を開設・運営する
ことによりさまざまなネットワークを開拓、沿線価値向上へと繋げていこ
うとする京急、この2つの鉄道事業者によるこれら大田区区内実績の発展
形導入によるシナジーも期待できるであろう。

　蒲田駅周辺の拠点整備をいかに進めるのか、というのも大きな課題であ
る。新空港線整備により東急多摩川線は地下化されるので、これをきっか
けにしたターミナル再整備について検討しなければならない。東横線の地
下化を前提にした20年くらい前の渋谷と同じ状況である。羽田空港に近い
こと、元々ある界隈性により魅力的なウォーカブルなまちづくりの可能性
があること、よりブランド価値を高め「選ばれる」街へと変革する絶好の
機会である。学生を街へ導くことにより、住みたい街ランキングで上位20
位にも顔を出すようになった北千住なども参考にしながら、また、既にあ
るエリアマネジメント活動の蓄積も活用しながら、いかにしてポストコロ
ナの潮流もとらえて次世代へと繋げるのか、まちづくりが求められる。

　「クリエイティブな多摩川」エリアは大田区内だけには留まらない。もち
ろん、二子玉川や調布といった上流に遡ることも考えられるが、行政境は
跨ぐものの一体性を意識しなければならないのは、羽田空港の反対側でまち
づくりが進められている川崎市殿町地区の「キングスカイフロント」で
ある。元々いすゞ自動車の工場などがあった工業地域であったが、2004年
のいすゞ自動車工場の閉鎖に伴いUR都市機構も参画する都市開発へと発
展した。40haにも及ぶ広大な土地に、川崎市が定めた「ライフサイエン
ス・環境分野を中心とした研究開発拠点」という方針に基づき、ジョンソ
ン・エンド・ジョンソンをはじめとした企業の研究開発・交流拠点、東急
REIホテルなどが立地し、かつての工場地帯は一変した。

　2022年3月には、「多摩川スカイブリッジ」により対岸の羽田空港とも
繋がり、空港、特に国際線ターミナルとのアクセスは劇的に改善された。
この橋の特徴は歩行者にも配慮されたデザインとなっていることで、ター

ミナルから歩いて東急のホテルにまで来る人も少なくない。川を活かして2つの自治体間で一体的なまちづくりを進めイノベーション拠点となるポテンシャルの高いエリアである。

　東急多摩川線と京急空港線を合わせた「沿線」とは？

　この課題を研究すべく、東京都市大学林 和眞准教授ゼミ学生によるグループワーク提案発表・意見交換会を、サステナブル田園都市研究会として、2022年7月21日、羽田イノベーションシティ内にある大田区運営のプレイス「HANEDA×PiO」にて開催した（第7回、参加者103名）。対象地として多摩川、蒲田、羽田の3つの街を設定し、多摩川については「会いに行こうよ多摩川～女性が住みやすいまちを目指して～」と題し、女性が住みやすい安全で安心できる街を目指し、

■広場や公園の活用
■子供が働くカフェ×児童館
■「たまがわ光の演出」×スタンプラリー
■モビリティによる繋がり（武蔵小杉、大森）

と、蒲田については「わっしょい蒲田」と題し、蒲田の良さ（目立った特徴はないが住みやすい）を住民だけでなく訪れた方々にも伝えるべく、

■呑川上空ロープウェイ設置
■小中規模オープンスペース造成
■仕掛けゴミ箱（例：餃子・ぎょみばこ）による環境改善
■飲食店を繋ぐアプリによるフードロス削減

と、羽田については「羽田で羽休め」と題し、「癒し」と多様性が掛け合わせられた「踊り場」的交流空間とすべく、

■グランピング
■自動販売機フードコート
■WORLD KITCHEN
■子供も大人も安全に川遊びできる空間

といった提案・意見交換があった。

　林准教授は、3.3.1において、このグループワークも含み、都市空間の発展戦略としてポスト・パンデミックにおけるイノベーション＆インクルーシブによる広域エリアマネジメントについて論じている。

　大田区は2022年12月に「鉄道と魅力的なまちづくり宣言」を公表した。新空港線整備も生かしながら、官・民・地域連携でTODを進め、サステナビリティとウェルビーイングを高めることを意図したものである。これに合わせ、2023年7月7日、再びサステナブル田園都市研究会を開催した（第17回、参加者51名）。

　先述のグループワーク意見交換会の東京都市大学の林准教授、下丸子エリアで町工場を生かしたまちづくりを進めていて一般社団法人おおたクリエイティブタウンセンターセンター長の横浜国立大学野原 卓准教授、大田区の並木 芳憲鉄道・都市づくり部長より話題提供いただき、意見交換をした。

　概要は以下の通りである。

■蒲田を通過駅としないサステナブル・ウェルビーイングの街とする。
■産業クラスターと空港が連携するイノベーションまちづくりを進める。
■「鉄道と魅力的なまちづくり宣言」で主要な役割の空港線を活かす。
■オープンファクトリーなどにより、町工場は主要コンテンツになった。
■クリエイティブな多摩川での実績から全国へネットワークが広がる。
■羽田イノベーションシティは先端技術で空港と街を繋ぐ新拠点になる。
■COCOONひろば平和島は、地域交流・モビリティ拠点である。
■地域資源再発掘&再接続&再発信により下丸子もまちづくりを始める。
■沿線アート、空港交流イベント、蒲田エリマネを踏まえて、次へ繋げる。
■多摩川対岸（川崎市）と一体のまちづくりを企業連携も視野に考える。
■コロナ後の新しい働き方により単核から多核「納豆」都市構造になる。
■近年の活動での繋がりにより空港線・多摩川クリエイティブ軸を創る。

2.4.7　地方創生：北陸新幹線

　「サステナブル田園都市 TOD モデル（SDT モデル）」の対象エリアを拡大することにより「えんどう豆」は「納豆」化する。想起されるのは物理的に隣り合っている沿線エリア間の連携である、DX を使えば離れていても交流が容易になり関係・交流人口は拡大する。つまり、納豆の糸は必ずしもモビリティや緑道のようなリアルに存在しなければならないというこ

とはなく、コロナ禍に急速に普及したオンライン会議ツールでもある程度代替できる、という発想のもと成り立つ。

　岸田政権が進めている「デジタル田園都市国家構想」は、デジタル技術の活用により地域の個性を活かしながら地方の課題解決・魅力向上のブレイクスルーを実現し地方活性化を実現することを目指しているが、DX活用によるSDTモデルの拡散も同じ文脈で語られる。デジタル田園都市政策の目標は地方創生である。東京一極集中がもたらすさまざまな弊害を克服するため地方都市の魅力を高めるまちづくり、人材育成、雇用創出に取り組むことを第一義的政策課題として位置づけられたのは2014年の臨時国会であった。

　10年あまりが経ち、2020年の新型コロナウイルス感染症拡大により、地方都市の可能性が見直されることになった。離れていてもできるオフィスワークはたくさんあるという認識の広がりにより二地域居住や、リゾートホテルで余暇を満喫しながら働く、いわゆる「ワーケーション」が注目され、どこに住んでも良い、という企業も増えてきた。

　たとえば、Zホールディングス傘下のLINEは従業員に推奨する居住地の条件を緩和し、午前11時までに飛行機を含む公共交通で出社できる範囲とした。東京オフィスに勤務する従業員が札幌や那覇に住むことも可能になる。ヤフーも午前11時までに所属先のオフィスに出社できる範囲に住むことを求めていたが、2022年4月より全ての社員が国内のどこでも居住できる新たな働き方を導入した。午前11時までに所属先のオフィスに出社できる範囲に住むことを求める規則を撤廃し、居住地条件を緩和、飛行機や高速バスでの出社も認める。交通費支給も1日あたり片道6,500円の上限をなくし、月15万円までに変更、通勤手段に飛行機の利用を認め、遠隔地から月に1度だけ出社するなどの働き方が可能になった。2022年8月現在、130人超が利用、最も多かった転居先が九州（48%）、次いで北海道（31%）、沖縄（10%）となっている。その結果、導入前の2021年9〜12月と導入後の2022年4〜7月を比較すると中途採用の応募者数が6割増になったようである。

　DeNAは、2022年6月から国内のどこでも居住できる制度を始めた。働き方を多様化し、自由度を高めることで人材獲得に繋げるようだ。NTTは

2022年7月から「リモートスタンダード制度」を導入した。テレワーク可能な社員について、従来の「勤務場所から片道2時間以内の居住」の条件をなくし、出社時の交通費の上限も撤廃（飛行機利用も可）、遠隔地に異動になっても必ずしも転居する必要がなくなった。主要7社従業員の半分となる約3万人を原則テレワークの働き方とする。

　ミクシィは2022年4月からこれまでの電車かバスで通勤できる範囲という制約をなくし、5月からは定期券代の支給をなくして通勤にかかる交通費を月15万円までとすることにより、飛行機や新幹線での出社も認めた。セガサミーホールディングスも育児や配偶者の転勤などを抱える社員に、新幹線や飛行機などの交通費支給を認め、遠方でも働ける制度にした。損害保険ジャパン、第一生命は2022年度から、地方に住みながら本社部門に所属できる遠隔勤務制を導入した。

　一方で、このように先進的な事例は多く現れてきてはいるが、未だ結果には結びついてはいない。コロナ前後の人口の伸び率を都道府県別に比較すると、東京圏1都3県に大阪府、愛知県、福岡県、滋賀県、沖縄県を加えた先頭集団とその他の集団との間に乖離があり、大都市と地方との格差はますます拡大する傾向にある（図2.23）。

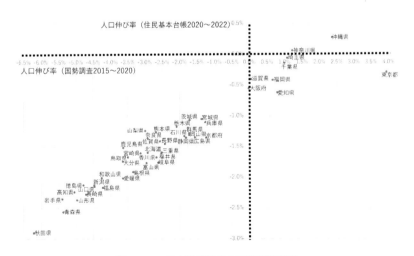

図2.23　コロナ禍前後の人口伸び率比較

　この悪循環を解消して初めて、サステナブルなまちづくりと言えるのではないか。イノベーションの観点からも、東京をはじめとした大都市に過度にさまざまな機能が「一極集中」することは、社会そのものが画一化していくことを意味し、新しい発想や価値は生まれにくくなってしまうのではと危惧される。

　欧州には、存在感と活力ある地方中小都市も少なくない。また、わが国でもコロナ禍後急成長を見せている軽井沢のような街もある。若い世代の移住志向が強いと言われている地方には大都市に多く立地する大企業の本社機能は少ないかもしれないが、小さくてもキラリと光る強いもの、いわゆる"Small & Strong"がいくらでもあり、「閉塞状態」に陥ってしまっている大都市の諸活動がブレイクスルーを見出すリソースと巡り合えるのでは、という期待感も持てる（図2.24）。

図2.24　TODによるサステナブル・デジタル田園都市

　従って、大都市と地方都市双方のまちづくりをデジタルで繋ぎ相乗効果を発揮するプラットフォーム運営をTOD事業者が担うモデルの可能性が示唆される。

　たとえば、東急グループはホテルをはじめとして、鉄道、百貨店、ショッピングセンター、空港、リゾートなどさまざまな事業により日本全国でか

なりのエリアをカバーしている。東京にある大企業は皆、地方との繋がり
もさまざまな形であるであろう。それぞれの場所で開拓されている人的・
物的ネットワークを糧として、社会課題を解決しながら組織としての成長
へと結びつけていくことをサステナブル経営の一翼として位置づけること
を考えても良いのではないか。ポストコロナの新たなTODとして述べた
"TOD 4.0"をさらに進化・拡大させた"TOD 5.0"である。

　ところで、創設者五島 慶太の出身が長野県青木村であったこともあり、
長野県、そして、北陸新幹線沿線に東急グループの事業が多く展開されて
いる。ホテル（上田、長野、富山、金沢）、鉄道（上田）、百貨店・SC（長
野、金沢）、リゾート（軽井沢、福井）があることより、この研究の対象と
考え、富山にてサステナブル田園都市研究会を開催した（第10回、2022
年11月18日、参加者75名）。

　富山大学との共同企画で、都市デザイン学部金山 洋一教授とともに進行、
青木 由行筑波大学スマートウェルネスシティ政策開発研究センターアドバ
イザー・内閣府本府参与（前内閣府地方創生推進事務局長）による話題提
供の後、以下の意見交換があった。

■LRTを含めたコンパクトシティまちづくりが富山市で進められた。
■優れたデザインの公共空間での賑わいはシビックプライドを醸成する。
■多様性を認める寛容性ある「場」は人づくりインフラの核となる。
■公共インフラと民間のローカルファーストで「選ばれる」まちとなる。
■デジタルの進化は一次産業も入れた新生活スタイル・働き方を進めた。
■地域固有ガラス産業、テラ（寺）ワークで大都市との繋がりが創れる。
■北陸新幹線は、まちづくりと交流する高付加価値型国内ルートになる。
■社会課題解決（円満な家庭）へと結びつく生活提案ができる（錫婚式）。
■TOD事業の一環としてホテル事業は、都市間文化交流を促進する。
■新幹線都市軸上において、多地域居住を選択する子育てもあるのでは？
■敦賀延伸により、都市間交流・人づくり「軸」の期待はさらに高まる。

2.5 【研究報告】地方創生に向けた関係人口づくりとTOD事業者の役割

2.5.1 はじめに

人口減少と地域経済の縮小は、多くの地方圏が直面している社会課題の1つである。大都市圏への人口流出や高齢化などによって地域経済が衰退の危機に瀕する地方圏では、いかに地域社会の持続可能性を高めるか、すなわち地方創生を実現するが喫緊の課題となっている。

急激に進む地方圏の人口減少問題に対して、国では2014年に「まち・ひと・しごと創生長期ビジョン」と「まち・ひと・しごと創生総合戦略」を策定し、国全体における地方創生の長期ビジョンと基本戦略を取りまとめた。これに連動して各地方自治体においても、地域レベルの長期将来人口展望と、それを実現するための「地方版総合戦略」が策定された。これらの国・地方における将来ビジョンと地域戦略は更新を重ねながら、2022年には「デジタル田園都市国家構想総合戦略」へと改訂され、デジタル技術などを活用した新たな地方創生への方向性が打ち出された。

「デジタル田園都市国家構想総合戦略」（内閣官房、2022）においては、地方へ「人の流れをつくる」ことが重点課題の1つとされた。それに向けた主要施策として、「「転職なき移住」の推進など地方への人材の還流」や、「関係人口の創出・拡大、二地域居住等の推進」など、テレワークなどのデジタル技術活用を前提とした関係人口・移住人口づくりが掲げられるようになった。

このように国・地方自治体によって地方圏への関係人口づくりが政策的に取り組まれている一方で、「デジタル田園都市国家構想総合戦略」では官民連携による地方創生が随所で謳われており、民間事業者による取り組みも不可欠なものと位置づけられている。そこでここでは、地方圏への関係人口づくりと、それを通じた地方創生においてTOD事業者が果たし得る役割を検討していきたい。

2.5.2　関係人口づくりと地方創生

　そもそも、何故地方創生に向けて地方へ人の流れをつくり、いわばよそ者である関係人口を創出することが重要なのか？

　社会学や地理学では地域における「よそ者」の役割について研究が重ねられており、たとえば、都市社会学者のリチャード・フロリダは、都市・地域の発展のためには、そこに住む・働く人々の多様性が不可欠であると指摘した（フロリダ、2009）。フロリダは多様な人々や文化、アイデアが交流し、いわゆるよそ者の異なる視点や経験が交錯することで、新しいアイデアやイノベーションが創出され、都市や地域が発展すると考えた。

　よそ者による多様性が地域を発展させるというアイデアは、大都市だけではなく地方についても同様に提唱されてきた。社会地理学者の宮口 侗廸は、異なる系統の人や組織が「交流」することで、「相互刺激が生まれ、その刺激をさまざまな刷新に活かすことで地域の発展が生まれる」と論じた（宮口、1998）。地域によそ者が混じり、異質な者同士が交わることで新しい価値やイノベーションが生まれ、地域が持続的に発展するという考え方は地方においても同様だと考えられている。

　こうした地域のよそ者をとらえる概念として、近年注目を集めているのが「関係人口」である。関係人口は2016～2017年頃に広まった比較的新しい概念であり、一義的な定義は定まっていないが、多くの言説では「旅行者以上、移住者未満」、すなわち交流人口と定住人口の間と理解されている。作野（2019）によれば、関係人口の機能には量的側面と質的側面があり、量的側面としては関係人口が将来的に定住することで人口増加が期待される一方、質的側面としては、外部人材が地域に刺激を与えることで地域維持に貢献する「ローカルイノベーション機能」などが指摘されている。宮口の議論とも関連するように、関係人口のような外部人材が地域に入りこむことで、地域に新しい価値やイノベーションが生まれ、地方創生が実現することが期待されている。

　こうした関係人口が創出されるプロセスを、小田切（2021）は「関わりの階段」として整理している（図2.25）。

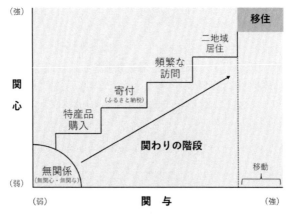

図 2.25　関わりの階段
（小田切（2021）より筆者改変）

　小田切によれば、無関係人口が地域の特産物への関心からふるさと納税を行い、地域に惚れて何度も訪問し、いつの間にか二地域居住となる。そのような数段階のステップを経て、最終的に移住するとされる。この「無関係」と「移住」の間が関係人口であり、小田切は関係人口を細分化し、あたかも階段のように地域への関わりを深めるプロセスとして整理した。

2.5.3　関係人口の事例

　それでは大都市圏に住む人々が関係人口として地方への関わりを深めるプロセスとは、実際にはどのようなものなのか？

　ここでは富山県高岡市に移住し、「高岡伝統産業青年会」で広報を務める五来 未佑氏のケースを取り上げたい。

　高岡市は江戸時代より鋳物の一大産地として知られ、中でも仏具を中心とした銅器は日本国内シェアの 9 割以上を占めている。高岡伝統産業青年会は高岡市で活動する若手の鋳物職人と問屋で構成される青年会であり、時代変化により市場が縮小傾向にある鋳物産業を対外的に PR するため、「ガラは悪いが、腕は良い」をキャッチコピーに個性的な対外発信やイベントなどを積極的に行っている（図 2.26、2.27）。

図2.26　高岡伝統産業青年会キャッチコピー
https://www.facebook.com/takaokadensan

図2.27　高岡伝統産業青年会「冥途のお土産ショップ〜スーベニ屋〜」（webショップ）
キービジュアル（2020年）
https://densanec.buyshop.jp/

　五来氏は埼玉県出身で東京の大学を卒業後、事業会社の広報担当を経て、2020年に創業メンバーとして広報業務を支援する会社を東京で起業した。2023年5月に高岡市へ移住し、同社の創業者メンバーとしてリモートワークで勤務しつつ、高岡伝統産業青年会では「宣伝職人」として、メディアやSNSを通した広報活動、クラフトフェアなど幅広い場面で高岡市の伝統産業と職人のPRを担当している。

　五来氏が高岡伝統産業青年会と関わりを持つようになったのは、2016年に高岡市で開催された青年会主催の伝統工芸体験イベントを訪れたことがきっかけだった。前年に偶然高岡市を訪れていた五来氏は、高岡伝統産業青年会のメンバーの一人と知り合い、翌年の本イベントに参加した。五来

氏はイベントで鋳物職人の技に触れるとともに、職人との交流を通じてその人柄に触れ、高岡伝統産業青年会の「ファン」となり、その後、長期休みなどを利用して何度も高岡市を訪れるようになった。高岡伝統産業青年会のメンバーから歓迎を受けるうちに、「もてなされる側ではなくつくる側に回りたい」という思いが生じるようになり、広報業務の経験を活かして、2020年開催の高岡市のクラフトイベント「市場街（いちばまち）」の委員会メンバーとして広報業務に携わることになった。そして、翌2021年に高岡伝統産業青年会の広報勉強会の講師を担当したことをきっかけに、正式に高岡伝統産業青年会の会員となった。高岡伝統産業青年会の会員として毎週のオンラインミーティングへの参加や、年に数回開催されるイベントの準備や運営などで高岡市との接点が格段に増え、2023年5月より高岡市に移住することになった。

　五来氏の場合、「無関係」→「地域特産品・職人のファン」→「頻繁な訪問」→「地域活動への参加」→「移住」という階段状のプロセスで地域への関係度を深めていった。五来氏のケースで示唆的なのは、「もてなされる側ではなくつくる側に回りたい」という語りである。地域を訪れる中で単なる訪問者ではなく、地域の価値向上に関わる「協働者」として、いかに役割を確立するかが、関係人口としての持続性とローカルイノベーション機能の発揮に関わる重要なポイントであると言える。

2.5.4　TOD事業者が地方創生と関係人口づくりに果たす役割

　ここまでの関係人口に関する既存研究と実際の事例を踏まえて、TOD事業者が関係人口づくりと地方創生において果たし得る役割を検討したい。まず、小田切の「関わりの階段」や五来氏の事例でも示されるように、大都市の人々が地方に関心を寄せる最初のきっかけとなるのが、地域の伝統文化や特産品などの「ファン」になることである。本書では"Small & Strong"と呼んでいるが、そうした地方の「小さくてもキラリと光る強いもの」を大都市に発信し、ファンづくりに繋げることがTOD事業者の役割の1つではないだろうか。たとえば、東急グループで言えば、首都圏をカバーする鉄道、百貨店、ショッピングセンターなどのリソースを活用し、地方の

"Small & Strong" とコラボレーションし、大都市に発信することが考えられる。

　次に、プレイスメイキングを行う役割が考えられる。五来氏の事例で示されるように、関係人口の持続性を高め、地方創生に繋げるためには、外部の訪問者がいかに地域での役割を確立し、「協働者」として地域に貢献できるようになるかがポイントとなる。そこでTOD事業者には、大都市の人々が地域住民とともに地域の価値向上や課題解決に取り組む「場」の形成を担う役割も期待される。TOD事業者にはこうしたプレイスメイキングのノウハウがあり、東急では神奈川県横浜市青葉区のたまプラーザ駅近くにWISE Living Lab（ワイズ リビング ラボ）という拠点施設を設立し、地域住民との共創の場を形成してきた。たとえば、2023年にはWISE Living Labにおいて、東急線沿線外に住む大学生を中心に、たまプラーザ駅周辺のまちづくりを検討する "DELight（ディライト）プロジェクト" を実施した（図2.28）。

図2.28　「DELight project」における討議の様子

　このプロジェクトは、地域外に住む大学生が地域住民との対話・交流を通じて、地域ニーズに合わせたまちづくりを企画・実践するもので、プロジェクト終了後も学生が地域住民や地域のまちづくりグループと関わりを

持ち続けるなど、まさに関係人口づくりの取り組みであった。

　このように東急グループをはじめとしたTOD事業者には、鉄道、商業施設などのハード面でのリソースを活用して地方創生に貢献することが期待される一方で、ソフト面でのノウハウ活用も大いに期待される。これまでのまちづくりを通じて蓄積されてきたプレイスメイキングと、地域協働型の関係人口づくりのノウハウを地方に展開することが、地方創生においてTOD事業者に期待される役割ではないだろうか。

（謝辞）

　本節の執筆にあたり高岡伝統産業青年会の五来 未佑氏にインタビューのご協力をいただきました。ここに感謝申し上げます。

第**3**章

公共交通
オリエンティッドな
持続可能な都市空間

　これまで、TODによる持続可能なまちづくりについて論じてきた。研究の過程において研究会をはじめとしたさまざまな「場」で東京都市大学都市生活学部のアカデミアの方々と活発な議論を交わし、多くの知見を得ることができた。以下、共著者の方々からの寄稿により、都市空間のデザイン、マネジメント、発展戦略、交通基盤について掘り下げる。

3.1　都市空間のデザイン

　ここでは、加賀屋 りささんが人流の分析がサステナブルなまちづくりへと資する最先端技術であること、スマートシティの可能性について、中島伸准教授が渋谷で展開されたSMILEプロジェクト・社会実験における知見に基づき、特に奥渋谷方向への回遊性向上のためのウォーカブル都市デザインについて論じる。

3.1.1　人流計測に基づいたTOD型まちづくり

　COVID-19が本格的に流行し、不要不急の外出自粛、学校の休講リモートを利用した業務が求められ、次第に公共交通機関に足が遠のき、公共交通機関が打撃を受けたことはおそらく記憶に新しいだろう。そのくらい私たちの生活に公共交通機関は欠かせないものとして位置づけられていることがうかがえる。また、公共交通機関だけではなく、新しい交通手段（ここでは電動キックスケーターや電動機つき自転車などのマイクロモビリティを指す）も少しずつ台頭してきており、遠くない将来私たちは自分の目的・移動手段にあった交通手段を使うようになるだろう。

　しかし、新しい交通手段（以下、マイクロモビリティ）を運用するにあたり、既存人流に対してどのような影響があるかが未知数であると同時に、マイクロモビリティを使うことにより危機回避を取った結果、人流の停滞が発生する状況は望ましくない。そこで、東京都市大学インテリアプランニング研究室では駅構内の既存人流に対し、マイクロモビリティが走行した場合のシミュレーションを行っている。

(1) 歩者融合下を想定した歩行空間のシミュレーション

　マイクロモビリティが歩行空間で用いられるようになれば、目下の課題である歩車共存という大きな壁にぶつかるだろう。これまでの歩行空間の利用者は人しかいないため、危険性はほとんどないに等しい。しかし、マイクロモビリティも用いられるようになれば、人とマイクロモビリティの歩行速度が異なるため衝突しやすい危険性をはらむ。また、歩行速度が異

なる者が1つでも混ざればその分全体の歩行速度が落ちる可能性もある。

　そこで、最初に渋谷駅や日吉駅などの大規模ターミナルを対象とした流動調査を行い、対象空間の出入口全てに番号をあてた。各出入り口から一定期間内にどのくらい出入り、通過したかを求めるOrigin-Destination（以下、OD表）を表にまとめ、実データとして収集した。計測手法は対象空間での現地撮影と目視計測である。これらから得られた駅構内に対するOD表（表3.1）を作成し、対象空間を再現した離散系人流シミュレーションを作成した。たとえば、人流の偏り方はヒートマップを作成することで駅構内の人流を可視化することが可能になる（表3.2）。

表3.1　シミュレーション設定_日吉PM

		destination			
		a	b	c	d
origin	a		0	0	0
	b	0		86.6	
	c	6.40	93.6		0
	d	0	0	0	

表3.2　2022.12.18_MM導入時におけるOD値の変化

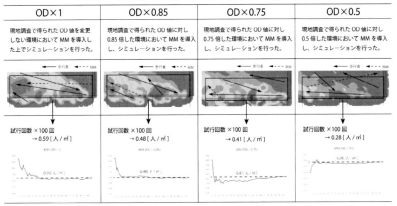

OD×1	OD×0.85	OD×0.75	OD×0.5
現地調査で得られたOD値を変更しない環境においてMMを導入した上でシミュレーションを行った。	現地調査で得られたOD値に対し0.85倍した環境においてMMを導入し、シミュレーションを行った。	現地調査で得られたOD値に対し0.75倍した環境においてMMを導入し、シミュレーションを行った。	現地調査で得られたOD値に対し0.5倍した環境においてMMを導入し、シミュレーションを行った。
試行回数×100回 →0.59［人／㎡］	試行回数×100回 →0.48［人／㎡］	試行回数×100回 →0.41［人／㎡］	試行回数×100回 →0.28［人／㎡］

　ここで生成したシミュレーションデータを基にマイクロモビリティと歩行者の回避実験で得られた予兆・回避領域をPedestrian Dynamics（以下、PD）上に組み込み、マイクロモビリティ導入時の安全評価を行う。現状の流動シミュレーションを踏まえた混雑度評価の双方を考慮した上で、モビリティと歩行者の両者が共存する空間における新・サービス水準を提案する。

　前段落では、マイクロモビリティを考慮した人流計測と群衆シミュレーションについて取り上げた。マイクロモビリティの歩行領域、それを避けようとする回避行動をシミュレーション上で演算することで、実際に導入されたときの都市空間のあり方をデザインすることが可能になるだろう。しかし、マイクロモビリティという真新しいものだけではなく、私たちの生活から切り離すことができない災害についても考えなければならない。

　地震大国と言われる日本では、年間を通して震度3以下の地震が2,424回、震度4以上の地震が64回発生している。震度が大きい地震は少ないとは言い切れず、東日本大震災のような大地震が発生した場合、私たちはいる場所によっては避難が必要となる。しかし、避難場所によっては全員が入れるわけでもない。満員だったら次の避難場所への移動を余儀なくされる。二度手間の避難を繰り返さないようにするための提案をすると同時に、渋谷駅を対象とした都市型ターミナルの人流解析を実際に行った。

(2) 災害時の三様態（平常時・パニック時・復旧時）に着眼した都市型ターミナルの人流解析と安全性評価に関する研究

　地震国と謳われるほど世界で類を見ないほど地震が多い日本では、被害を広めないようさまざまな工夫（たとえば、耐震構造やインフラ整備など）が整備されている。しかし、建物の耐震化や免震、通路の幅を広くするなどハード面における整備は日々推し進められているが、一方で地震などの災害情報伝達システムや避難情報などのソフト面の対策はあまり整備されていない。また、避難場所は受け入れ人数に限りがあり避難できたとしても、そこに入ることができず他の避難場所へ行かざるを得なくなってしまう場合もある。

　二度手間を減らすと同時にその空間にいる多くの人が安全に避難できるシステムとして、デジタルサイネージを用いた場合のシミュレーションを行った。対象空間を渋谷駅の利用者を対象とし、平常時と災害が発生したときのパニック時、復旧期の三様態（表3.3）に着眼し、それぞれの想定流動シミュレーションに応じたデジタルサイネージを設置している。

表3.3　三様態の定義

	状態	時間軸
平常時	予定通りのダイヤで運行	地震発生前
パニック時	緊急地震速報発令 →鉄道ストップ →避難誘導、帰宅困難者受け入れ・待機 →鉄道再開はじまる	地震発生 地震発生から**2時間後**
復旧時	鉄道再開後もターミナル駅やホームは人が多く殺到し、混乱が続く	地震発生から**5時間後**

　災害が発生した場合、速やかな避難が求められるが避難先が満員で避難できない場合もある。想定し得る最悪のケース、たとえば、避難先が相次いで満員で空いている避難先にすぐに避難できない場合を考慮し、災害が発生した時駅構内にある日常的なオブジェクトが避難誘導システムに変換させる。避難誘導システムは避難先の空き状況を逐次報告するものであり、これを見れば、時間や手間をかけることなく空いている避難先へ避難することが可能になると考えている。
　パニック時の流動シミュレーションでは、避難誘導システムがある場合とない場合の避難にかかる時間をそれぞれ分析した。避難誘導システムがある場合、それに注視する時間をあらかじめ設定されている。
　避難誘導システムがない場合に比べ、避難誘導システムがある場合は、人流制御への好影響が期待できる結果となった。つまり、渋谷駅のような都市型ターミナルに避難誘導システムを配置することで、その場にいる人たちのより安全な避難を可能にすることがわかる。

図3.1 【パニック時】のエレメント誘導検証

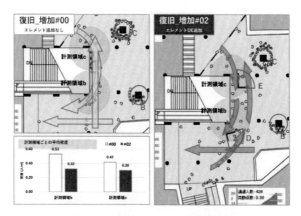

図3.2 【復旧】エレメント誘導検証

図3.3 結果・分析共通凡例

　　以上の2つの事例から、人流計測を通して将来的に起こり得る可能性の検討や現在の建築空間に対する課題点を見出すことで、「サステナブル」なまちづくりに貢献することが可能になる。しかし、人流計測には、確かな手法がまだ確立されていないという課題点がある。

　　駅構内など人が密集しやすい空間下では、カメラ撮影や目視計測を行ったとしても、100%の正確な計測は不可能である。2つを併用してもせいぜい60〜70%が限界である。正確な計測ができない要因として、カメラで

撮影された動画が二次元であることが大きい。動画を再生すると密集した人流が1つの画面内に表示される。そのため奥行を正しく認識することができず、本来ならば2人いる状態が重なり具合によって1人だと錯覚してしまう現象（以下、オクルージョン状態）がたびたび生じてしまう。また、動画を再生しカウントするのも結局人力で、私たちに対する負担は大きい。

　しかし、今はAI活用が期待される時代である。人流計測にもAIを利用することで計測者の負担を軽減するとともに、よりスムーズな計測を可能にしてくれる。

(3)AIカメラ動画像と三次元レーザセンサを併用した場合の人流計測精度

　これまで人流計測を行う際、現地での撮影と目視によるカウントが主流であった。しかし、駅構内や商業施設のような人流が多く発生しやすい場所では、オクルージョン状態の発生率も高く正確な計測を行うことが難しいとされていた。これはひとえに、カメラのデータが平面的であることによるものである。また、現地での目視計測も同様にオクルージョン状態の空間でのカウント計測も負担が大きい。

　そこで、新しい手法として、データを三次元的に収集することが可能である三次元レーザセンサを併用することで、カメラから欠損したデータを補い合うことでより精度の高い計測が可能になるのではないかと考えた。また、現地での目視計測を行うのではなく、姿勢推定AIを用いた人流計測手法を使うことで、計測者の負担を軽減しつつより手軽な人流計測を行うことが可能になるのではないかと考えた。

　実際に実験を行った場所は、東京都市大学世田谷キャンパス7号館1階のカフェスペースである。最も混雑する時間帯を対象とし、カメラと三次元レーザセンサを併用して撮影を行った。大学内にあるカフェのため駅構内や商業施設ほど混雑はしないが、昼休みになればカフェを利用する多くの学生で賑わう時間帯を対象として、姿勢推定AIで分析し生成された画像（以下、AIカメラ動画像）のみの人流計測精度、三次元レーザセンサのみの人流計測精度、最後に2つを併用した場合の人流計測精度それぞれを求めた（表3.4）。

表3.4　同定精度結果一覧表

	A		B		C	
従来のサービス水準	数値　0.81[㎡]		数値　1.21[㎡]		数値　1.62[㎡]	
a) 正しい計測データに基づく数値						
b)OpenPose を用いた計測データ						
	同定率 Ab[%]	62.6	同定率 Bb[%]	61.9	同定率 Cb[%]	60.3
c)3D-Lidar カメラを用いた計測データ						
	同定率 Ac[%]	98.0	同定率 Bc[%]	79.8	同定率 Cc[%]	61.9
d) 併用時	同定率 Ad [%]	81.3	同定率 Bd[%]	85.7	同定率 Cd[%]	84.0

　表3.4からわかるように、AIカメラ動画像はある一定の人流計測精度はあるものの、そこから伸びない。三次元レーザセンサは人流が少ないほど高精度であるが、オクルージョン状態に近くなると人流計測精度が低下していることがうかがえる。最後に、併用した場合どのような人流であっても80%近くの人流計測精度があることがわかる。

　今回の人流計測精度を求めるにあたり、大学キャンパス内のカフェといったある程度限定的な空間で行ったため上記のような結果になった。もし、これが駅構内のような不特定多数の人流が発生する場で計測を行った場合、人流計測精度はまた変わるだろう。しかし、この研究を通して得られた成果は、三次元のデータを収集することができる機器とカメラを併用することで、より高精度な人流計測が可能になるということである。組み合わせ次第では、遠くない将来駅構内のような人流が多く発生する場所・空間での高精度な計測が可能になるだろう。高精度な人流計測手法を追い求めるということは一見まちづくりに関係ないように見えて、その実深いところ

で関係があるということを覚えてほしい。

　人流計測とは1つの空間から得られたデータを蓄積していくことが可能であり、蓄積されたデータはこれから先、まちづくりやイベントを開催するときに参考になる。動線がうまく街やイベント中に繋がるようにいくつか作成し、シミュレーションを試行錯誤することでより私たちの身の丈に合ったまちづくりを行うことが可能になる。そこに加え、公共交通の利用率や新しいマイクロモビリティの導入時のシミュレーションなどを行えば、より綿密なまちづくりを行うことができる。

　それゆえに、私たちはこれから先、歩行空間に他の交通手段が介入した場合の動線、地震などの災害が起きた場合の動線、さらには高精度な人流計測を通して現状の人流分析および都市空間の課題点を見出すことでより良いまちづくりに貢献するための努力を絶やさずに続けなければならない。

3.1.2　都市の回遊性を向上する小さな拠点づくりによる都市デザイン戦略─渋谷SMILEプロジェクト

(1)21世紀の渋谷のまちづくり

　21世紀に入り、渋谷は大きく駅周辺を中心に変貌を遂げている。駅周辺の大規模再開発によって、すり鉢状の地形の底の位置に多くの高層ビルが建ち上がってきたからである。また、再開発と同時に交通インフラも改修され、ターミナルの終着駅、乗換駅であった渋谷は、他の副都心や都心へアクセスする路線と接続し、直通運転を開始した。本節は、筆者と筆者の研究室が参画した渋谷SMILEプロジェクトについて概説し、21世紀の渋谷の大きな変化に対してどのような都市デザインの戦略が志向されているのか、その特性について論じる。

　渋谷の都市文化が花開いた1970年代〜90年代、渋谷から新たに提案される消費文化、ストリートカルチャーは多くの人を渋谷に惹きつけた。百貨店のみならず渋谷のあちこちが文化の発信地、震源として機能し、渋谷での何か新しい発見を求めて渋谷の界隈から界隈を彷徨い、坂を上り下りした。元々渋谷は回遊性の高いウォーカブルな都市だった。渋谷で何かを見つけたいことと渋谷で何かを発信したいということは一対であった。

　そこに近年の渋谷駅周辺の大規模な再開発による都市の更新が起きた。業務ビルの集積は、就業地としての渋谷の魅力増進と同時にターミナル駅を中心とした一極集中の傾向を強めつつある。再開発事業が概成しつつある2020年代は、同時に新型コロナウイルスの流行を契機として、渋谷も来街者を一旦は減らし、空き店舗の増加、密の回避、テレワークの進展などをもたらした。こうした背景にあって、渋谷ではこの一極集中の是正と再開発による地域への影響を全域化することを目的に、駅から少し離れた「小さな拠点」による多極分散型の都市構造に転換していくことが次のまちづくりの課題であると言える。

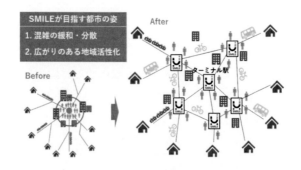

図3.4　SMILEの配置とネットワークの概念

　本節で取り上げる渋谷SMILEプロジェクトは、渋谷駅から少し離れた場所に回遊と滞留を促進する拠点SHIIBUYA MOBILITY & INFORMATION LOUNGE（頭文字をとってSMILE）を設置することで、渋谷のウォーカビリティ向上を目指す。今回は、第1弾として実施した社会実験と奥渋谷への回遊促進のための都市デザイン構想を提案した。将来的には、渋谷区の交通戦略や都市開発とも連携して面的なネットワーク形成を目指していくものである。

(2)渋谷SMILE社会実験の実施

　渋谷の回遊性を向上し、多極分散型ネットワーク形成のための社会実験として、産官学が連携したチームで渋谷SMILE社会実験が2021年11月

10日〜13日までの4日間、2箇所で実施された。社会実験の参加者は、企画・運営を担当した日建設計総合研究所、渋谷未来デザイン、東急、東急不動産が共催となり、後援に渋谷区が入り、調査協力として東京都市大学都市空間生成研究室、Intelligence Designが参画した。

　鉄道駅から一定程度離れたより生活圏に近いまちなかにSMILEを設置することで、「混雑の分散」や「広がりのある地域活性化」の効果をもたらすことが、本プロジェクトで設定した仮説である。社会実験では、渋谷駅から500mほど離れた2つの公的空間（東急百貨店前の空地、渋谷ソラスタの公開空地）にSMILEを設置した。SMILEの機能としては、「可動什器の設置による滞留機能」「SMILEカードの設置及びサイネージによる地域情報発信機能」「シェアモビリティポートによる移動機能」の3点である。こうした回遊の拠点としての一時滞留を生む空間設置ということからSMILEハブと呼ぶ。

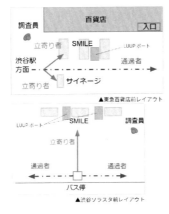

図3.5　SMILE社会実験

　可動型の木質ファニチャーユニット「つな木」を用いて、百貨店前では、木質フレームの中にベンチと椅子を設置し、渋谷ソラスタの公開空地は前面道路がバス停となっており、スタンディングで使用できるテーブルと椅子を設置した。このユニットには、ポストカードウォールがあり、来訪者は協力店舗のクーポンや商品情報があるポストカードを自由に手に取り、

持ち帰ることができるようにすることで情報発信を実施した。ユニットの脇にはLUUPのシェアサイクル、電動キックボードシェアサービスの利用が可能な乗降ポートを設置した。

　渋谷SMILEの滞留機能、移動機能、地域情報発信機能の効果検証として人流測定のためのAIカメラを設置し、センサリングによって通行者数、滞留者数、滞留時間を測定した。図3.6の左に、期間中の日にち別の滞留者数・通過者数の推移、右に日にち別の立ち寄り率の推移を示した。ここでの「立ち寄り率」とは、「滞留者数」／（「滞留者数」＋「通過者数」）である。滞在時間は、滞留者のうちの7～8割が15～60秒程度の短時間の滞留であることが明らかとなった。

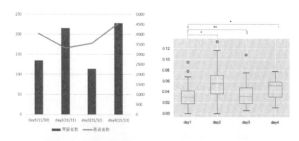

図3.6　日別滞留者数と通過者と日別立ち寄り率

　また、LUUPの利用データを集計した結果を見てみる（図3.7）。移動距離としてはSMILEを発着地とし、約1～3kmの移動が多く見られた。東急百貨店本店前を発着地とする移動は北部方面への移動が多く、渋谷ソラスタ前側では西部・南部方面への移動が多く見られ、回遊範囲の向上という観点から言えば、渋谷駅周辺地域における周縁部からさらにその外縁への移動誘発効果は見られるものと推察される。

　地域情報の発信効果としては東急百貨店本店前が215枚、渋谷ソラスタ前では27枚を利用者が持ち帰った。これらは、スタッフが街頭配布したのでなくあくまで期間中にポストカードウォールから抜き取って持ち帰った数であるため決して数は多くないが、利用者からは情報をスマートフォンで検索して見つけることよりも見やすくてわかりやすいという声があり、現地での紙による情報の有効性もあると考えられる。

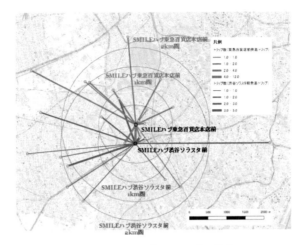

図3.7 シェアモビリティによる移動
(国土地理院の数値地図を基に作成)

　社会実験を通じて、SMILE ハブ設置による滞留誘発や駅周辺地域外縁部分への移動誘発について一定の効果が見られたと言えるだろう。但し、今回の実験はあくまでも2箇所という限定的な箇所での小規模な実施であり、設置した SMILE 間の移動についてもデータがそこまでとることはできなかった。滞留機能と移動機能が付帯することによる相乗効果や、周辺地域への移動需要創出の効果検証については課題が見られ、今後の継続的な検討が必要であると言える。次の展開は、今回の有効性に対する知見を基に、さらに規模を大きくして同時に多地点実施によって、ネットワーク形成の検証が必要となるだろう。

(3) 渋谷SMILE構想の提案

　SMILE プロジェクトでは、社会実験で見えてきた多極分散型拠点を公共空間に実装していくために奥渋谷を対象に回遊戦略のビジョン検討を行い、都市デザイン戦略としての可視化を通じてステークホルダーとの意見交換を実施し、その導入プロセスについて検証した。奥渋谷の回遊性向上を目指し、エリアの分析と提案のコンセプト、そして、そのコンセプトを達成するためのプロジェクト、マネジメントの提案により奥渋谷の新たなあり

方を検討する。リサーチの後、歩行環境の向上、滞留空間の創出、エリア認知の向上、魅力的な商業空間の創出、SMILE を含めた公共空間のマネジメントや管理を項目として、プランニングとデザインへ落とし込むことを実施した。

　担当した研究室ではまず、奥渋谷を重点的に渋谷の現況調査を行い、その地域特性を把握した。渋谷駅から奥渋谷エリアにかけては谷続きの地形が形成されており、高低差があり移動しにくい渋谷駅周辺と比べ、高低差なく移動できるこのエリアは、人の流入を促進できる地形的利点を保持している。しかし、周囲のエリアに比較して歩行者交通量は少なく、この地形のポテンシャルを活かしきれていない。また、電動キックボードシェア／シェアサイクルLUUPのポートが少なく、移動拠点の機能が周囲も相対的に低く、SMILEハブの活用策を考える素地があると考えられた。

　奥渋谷の回遊の軸と考えられる、富ヶ谷一丁目通り周辺の商店街に着目すると、この通りは魅力的な店舗が点在して渋谷駅と代々木八幡駅を結ぶ商店街が形成されており、通りの利用者は住民・来街者・会社員などが職住遊混合して徒歩や自転車・小型モビリティでの通行と交通手段も多様であることが明らかとなった。また、道路環境に着目すると道路幅員7mと狭く、一方通行指定されているが、荷下ろし駐車も頻繁なため歩行者などの交通上の課題がある通りであると考えられる。さらに、奥渋谷の既存建築物を調査すると、築30年以上のものが約50％を占めていることがわかった。よって、今後10〜20年後には建て替えや修繕が必要な建物が半数以上になることに対しても取り組む必要がある。

　次に、富ヶ谷一丁目通りに並行した宇田川遊歩道にも着目してみると、本遊歩道は宇田川を暗渠にした歩行者専用道路で、幅員が狭く、沿道には貴重な緑があるにもかかわらず、建物は通りに対して裏側を向けており、賑わいが乏しい点に課題がある。現在、渋谷区が管理しているが滞留機能に乏しく、歩行者が通過するだけの場となっている。

　上記の課題整理に基づいて、奥渋谷の回遊性向上を目指した多極分散型拠点設置の提案をまとめた。回遊促進のための拠点を地域の立地特性と合わせて、拠点性のある大規模なCORE SMILEと、補助的で小規模なSUB SMILEの2種類を設定し、図3.8のように配置する。

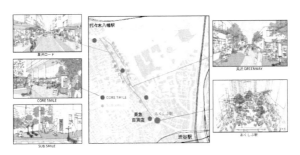

図3.8 渋谷SMILE奥渋構想

　CORE SMILEは、奥渋谷内の情報発信と奥渋谷の出入口を明確化する役割を担い、奥渋谷と松濤や代々木公園などの他エリアを繋ぎ、域外回遊を促進する。SUB SMILEはすぐ近くの店舗の情報発信や目的地の至近までのLUUP利用を可能にする役割を担い、奥渋谷内の域内回遊を促進する。それを基に、2つの街路整備と1つの回遊滞留拠点の合計3つの空間整備提案をまとめた。

①おくしぶ駅

　奥渋谷の認知度を向上させるためには、奥渋谷の入り口が必要となる。そこで、奥渋谷の南端にあたる東急百貨店前の交差点に、道の駅のようなエリア情報の取得や、滞留空間・通過点の役割を果たす場所として「おくしぶ駅」を空間的に設計する。車道を地下化することにより、歩行者は気づいたら入り口空間に辿り着き、そこからさらに奥渋谷へ導かれる。歩行者天国となった地上空間は、奥渋谷を感じる導入空間としての機能的価値を内在した空間となるようデザインした。

②奥渋ロード

　魅力ある店舗の存在と、それによって大人なお洒落な雰囲気・静かなエリアが演出されている富ヶ谷一丁目通りとその周辺を対象とした提案である。通り名を「奥渋ロード」と呼称し、空間のあり方を再構築する。奥渋ロードに面している建物をセットバックさせ、幅員を確保し、新たに低速モビリティレーンを設置し、多様な交通手段が安全に共存できる空間を構築する。拡張された歩道空間を利用し滞留空間を設け、店舗の溢れ出しを生む。

③奥渋GREENWAY

　まちの人に、段階的に変化・進化していく遊歩道を体感してもらうために宇田川遊歩道を対象に提案を行う。遊歩道の名を「奥渋GREENWAY」とし、“癒し”と“共生”を提供する新たな遊歩道をつくる。民間活力の導入によりイベント企画・誘致、キッチンカーやベンチなどの配置を可能とし、パブリックスペースのにぎわいの創出を図る。実験から第4段階まで段階的に整備を行い、街の人々からフィードバックを受けるなどして住民と一体となり遊歩道をつくり上げることを目指す。

④ビジョン実現のためのマネジメント体制

　本ビジョンのSMILE設置を実行するためには、公開空地や公有地などさまざまな条件の土地を扱うことになり、複数の制度を利用しなければならず申請や管理に手間がかかる課題がある。また、公開空地にカフェやLUUPのキックボードポートを設置する場合、一般的には一時占用という形でしか置くことができず、現状では計画案の実現は困難でもある。これらの問題を解決するために、東京の洒落た街並みづくり推進条例第39条に規定されているまちづくり団体を結成することを検討した。本提案ではこの団体を「奥渋パブリックスペースマネジメント」と名づけ、さまざまな種類の制度を適用する申請を、本団体がまとめて区や都に申請することで申請が一本化され、手続きを簡略化し、一元化する。

　また、本団体の申請によって、公開空地のカフェやキックボードポートなどの常設ができる可能性がある。常設をするためには、1,500m²以上の公開空地が必要となり、奥渋谷内の公開空地は基準を下回っているが、本団体が複数の公開空地を一体的に管理することによって、常設が認められる可能性がある。本団体はLUUPの関係者、奥渋谷に店舗を持つ人、公開空地を活用する会社が構成員となる。奥渋谷に店を持つ人、近くに住む人など区民の知恵や労力も積極的に取り入れ、住民参加のまちづくりを目指した。

　本ビジョン検討にあたって、渋谷のまちづくりのステークホルダーとして、行政からは渋谷区役所、地域開発事業者からは東急、東急不動産、公民連携のまちづくりプラットフォームとして渋谷未来デザインといった主体から助言を得た。計画提案には概ね好印象であったが、特にSMILEの配置

戦略をさらに検討することで回遊性向上の課題となることが明らかになった。駅周辺の混雑緩和だけでなく、他エリアとの交流や文化の拠点になるようなSMILEの配置を検討する必要があると考えられる。

(4) 渋谷のさらなる回遊を求めて

渋谷は元来、そのすり鉢状の地形の谷筋が街路として発達した街である。この谷筋にできたストリートからストリートへと人々の回遊によって発展したウォーカブルなまちである。駅周辺に概成しつつある大規模再開発は、多くのオフィス床を提供し、業務目的で訪れるワーカーが増加している。これらの企業は当然、渋谷立地に惹かれて集まってくる。その際に渋谷はこれまで以上に魅力的な都市として、存在しているだろうか。高機能なビルの集積だけが渋谷に人々や企業を誘引するわけではない。

再開発の概成は周辺地域の地価も引き上げ、今後の次の開発などを起こすことも考えられる。その際にこれまでの街路を行き交う渋谷の持ち得た回遊性を高めること、エリア全体の価値を高めて連携することが今後さらに重要な渋谷のまちづくりの課題となると考えられる。

注：本節は、「「SMILE」社会実験を通じた空地活用を起点とした地域の滞留・回遊創出に関する研究（その1～4）」日本建築学会大会学術講演梗概集、2022年9月を基に大幅に加筆したものである。

3.2　都市空間のマネジメント

ここでは、公共交通オリエンティッドな持続可能なまちづくりを展開していくための都市空間のマネジメントについて考える。坂井 文教授が三軒茶屋を対象に、駅を中心としたまちづくりの計画・方針策定の「場」がマルシェなどのイベントを通じた交流により発展しつつある茶沢通りでの取り組みについて、諫川 輝之准教授が南町田グランベリーパークを対象に、大型商業施設が自己完結するのではなく、境川や周辺の公園・森などの地域資源を活用したまちづくりの可能性について論じる。

3.2.1　持続可能な発展を支えるまちづくり計画とは？三軒茶屋駅周辺まちづくり基本計画策定を通して

(1) はじめに

　東京都世田谷区の三軒茶屋は、江戸時代には大山道を行き交う人をもてなす三軒の茶屋があったことにその名前の由来があるように、古くから交通の要所であった。現在の三軒茶屋駅は田園都市線の主要な急行停車駅であり、京王線の下高井戸駅と結ぶ路面電車、世田谷線の始点駅となっている。駅のすぐ脇には国道246号線があり、その上空に通る高架の首都高の出入り口も駅近くに設置されている。

　こうした鉄道と道路の交通の要所には、人やモノとともに文化も運び込まれ栄えてきた。三軒茶屋の北に位置する下北沢とは茶沢通りで結ばれ、演劇を中心とする文化は、三軒茶屋駅直結の再開発ビルであるキャロットタワーにおいても展開されている。

　さらに、太子堂エリアで始まった住民参加のまちづくりは、都市計画における市民参画の先駆けとしても有名である。三軒茶屋駅に近接して広がる戸建て住宅地は高密度な住環境となっていたが、修復型まちづくりとも呼ばれる建物の建替えを契機に道路や広場を整備していく取り組みが、昭和後期から住民主体で行われた。住民主体の協議会が発足し、区との協議を重ねて時間をかけてまちづくりを行ってきた。

　つまり、街道という人とモノが多く通過するパスに、一休みする茶屋というノードが生まれたという経緯の上に、線路が引かれ駅ができ、現在のまちの骨格が形づくられている。交通の要所の周辺では商業を中心とする地域が生まれ、建築が早くから建ち並びまちなみが形成されてきた一方で、防災や安全に関わるまちの課題が浮上し、住民が主体となって解決してきた歴史の上に現在の三軒茶屋駅周辺のまちなみがある。

　こうしてつくられてきたまちなみの持続可能な発展を支える、これからのまちづくり計画とはどのようなものだろうか。これは、まちづくり基本方針や基本計画の策定に携わりながら考えたことであった。限られた紙幅の中で、その経緯を振り返ってみる。

(2) 三軒茶屋駅周辺まちづくり基本方針と計画

　世田谷区は二子玉川、下北沢とともに三軒茶屋を広域生活・文化拠点と位置づけている。二子玉川は駅周辺の大規模開発が2000年代半ばに完成し、下北沢は小田急線の高架事業ともに周辺のまちづくりが現在進行中である。三軒茶屋駅では、まず乗降客数の多い駅舎の改良が1990年代後半に再開発事業とともに進められた。しかしながら、地下の駅機能と地上の道路のバリアフリーな接続には課題も残り、商店街の狭い歩道を行き交う人の安全性の確保などの課題も近年指摘されていた。

　そうした中、三軒茶屋駅周辺のまちづくり基本方針が2019年に、さらにその基本計画が2022年に策定された。

　基本計画の策定の経緯では、市民主体のまちづくりを進めるための工夫が盛り込まれた。たとえば、まちづくり会議やまちづくりシンポジウムを複数回開催し、市民の意見をもとに基本計画のまちづくりテーマを導き出し、その結果としての「みんなの計画」であることを目指していた。まず、ワークショップを通して集めた市民の意見である約1,000枚の付箋から、まちの未来像「9つの未来像」に整理し、さらに、世田谷区の庁内の各部署にその未来像の実現に向けた仕組みの構築や支援などにより具体的な取り組みの可能性を確認した上で、基本計画に書き込んでいる。また、取り組む主体を住む人、学ぶ人、土地建物を持つ人、働く人、支援する組織、行政として、それぞれの取り組みの主体を明確にしている。

　つまり、住民の意見を具体化するための道筋を役所の各部署がそれぞれに確認するとともに、取り組みの主体を書き記し、実現に繋がる道筋を検証しながら計画を策定している。これは、持続可能なまちづくりに向けて、さまざまな主体が自分事として取り組むための具体的な方向性を示しながら、行政による支援のあり方を検討するプロセスでもあった。これまでの行政による都市計画や住民主体のまちづくりの先を目指した、公民連携によるまちづくり計画とするためでもあった。

(3) まちづくり会議

　基本計画策定中に開催されたまちづくり会議は、先述の市民の意見を集

めるとともに、そうしたまちづくりを主体的に進める人や組織を見出すプロセスでもあった。複数回開催することによって、まちづくりの機運の醸成や仲間づくりの場となることも意識していた。まちづくり会議のワークショップにおいては、東京都市大学エリアマネジメント研究室の大学生も市民の輪に加わり、意見を述べると同時に、それぞれの立場の市民の意見をまとめて発表する役割を担った。

　基本計画の策定後にもまちづくり会議は継続的に開催され、その成果は確実に出てきている。タクティカルアーバニズムと呼ばれる小さなアクションから都市を変える取り組みを取り入れて、まちづくり会議にて提言のあった「あったらいいな」というまちでの活動が、社会実験として実現されている。たとえば、三軒茶屋駅から下北沢に繋がる茶沢通りの日曜日の歩行者天国での社会実験はその1つである。歩行者天国の際に、車道に人工芝をひき、可動式の簡易な椅子やテーブルを設けることによって人々がくつろぎながら、まちを散策するウォーカブルなまちづくりを目指す社会実験が行われた。実験の結果は、子供連れの親子などで大いに賑わう状況から一目瞭然であった。他方で、限られた時間内で人工芝や可動式の家具を設置・撤去する方法や、備品の収納場所など、新たに加えられる作業や備品に関わる課題も浮き彫りとなった。こうした課題抽出も社会実験の成果と言え、実験としては成功と言える。

　さらには、茶沢通り沿いの三軒茶屋駅から徒歩2分という好立地にある区役所施設、三軒茶屋ふれあい広場の利活用についても具体的な活動が始まっている。不定期ではあるが週末に開催されるマルシェである。

　マルシェは、三軒茶屋でコワーキングスペースなどを企画、運営する三茶ワークカンパニー株式会社と、マーケットや街づくりのプロデュース・コンサルティング・企画運営を行うファーマーズマーケット株式会社による共同主催、そして、世田谷区による共催イベントになっている。三茶ワークカンパニー株式会社の吉田氏は、三茶のまちづくり方針の段階から関わり、地域の市民と連携して具体的な企画を立ち上げ、三茶のまちづくりの取り組みを広げている。ファーマーズマーケット株式会社は、国連大学前で開催されている青山ファーマーズマーケットに携わった後、全国でマルシェの開催・運営を行い、地域に根差した出展者の参加やマルシェを盛り

上げるためのノウハウを持ち合わせている。世田谷区とは、具体的には地域の街づくり課や産業振興課であり、三軒茶屋駅周辺まちづくり基本計画を計画という絵にかいた餅にしない、具体的なアクションを積極的に起こしている。

　まちづくり基本計画の策定中に始めたまちづくり会議が、継続的に開催されるだけでなく、市民同士はもちろん、行政職員も交えた交流の場となり、公民連携の取り組みが生まれ実行されている。かつての太子堂エリアの住民主体のまちづくりから時が経ち、さまざまなバックグラウンドを持つ新たな住民が増える中、まちづくりに主体的に取り組む人を見出し、繋げていく作業を行政と市民が一緒になって進めていることがわかる。

(4) 人の交流の場としての市（イチ）

　三軒茶屋ふれあい広場マルシェ開催の主旨には次のようにある。「売り手も買い手も、いろんな土地のいろんな個性が三軒茶屋で交わることで、想いある商いが盛り上がり、マーケットから生まれる「良い一日」が、世田谷とそこに関わる地域に、多様で・心地よく・無理のない「良い日常」を育むことを目指しています」。実際マルシェに行ってみると、マルシェの出展者は世田谷区内に点在するこだわりの個店であり、マルシェでの出会いから購買者は店の存在を知ると同時に、店側はファンが増えるというマッチングの場にもなっていることがわかる。

　実は、世田谷区ではフリーマーケットや農産物の直販など、まちの中での期間限定の市（イチ）が多く開かれている。三軒茶屋駅周辺では、たとえば、世田谷公園はほぼ毎週末フリーマーケットが開催されており、成長の早い子供の衣類などの入手先として子育て世代に人気がある。

　そもそも世田谷区には、毎年1日20万人もの人出で賑わうボロ市が12月と1月の15・16日に開催される。開催場所は、三軒茶屋駅から世田谷線で4つ目の駅・世田谷駅周辺であり、その歴史は世田谷城の城下町としての世田谷新宿に、市場税を免除して行商販売を認める楽市が開かれた1578年にさかのぼると言われている。現在の開催日は、人とモノが活発に行き交う年末年始の時期に設定され、商売上の商機を狙っているのはもちろん

であるが、人の交流の場としても活用されているという。

　かつての物品・食品を製造者から買い求める市場から、循環型の消費活動としてのリサイクルの意味合いもあるフリーマーケット、そして、おしゃれで個性的なお店が並び、クラフトビールとエスニックなテイクアウト料理を食べながら会話が弾むマルシェへと、消費活動の変化に伴い都市の市（イチ）の意味合いは変化してきている。市のスタイルは変化しても、都市の中に期間限定で交易の場が設けられ、そこで行われる売買を通じて人々が対面で接し、商品を手に入れると同時に情報を入手する、という活動であることに違いはない。

　イーコーマースの出現などによって、対面で交流することなく商品が手に入る現在、人との交流の場の創造がまちづくりの要になってきている。三軒茶屋駅周辺は、歴史的な変遷とともに変化している市（イチ）のさまざまなスタイルを体験できる、東京の中でも稀有なエリアとなりつつある。土地の高度利用が進む東京の都心にて、期間限定の市を開けるオープンスペースには限りがある。また、商品の売買という行為を公共の空間で開催するには、いくつかのハードルがある。世田谷区では、先の世田谷公園フリーマーケットについては清掃・リサイクル部事業課普及啓発の一環で進めてきた経緯があり、地域振興課でボロ市をサポートしてきた経験もある。こうした行政の取り組みと、街道沿いの茶屋から始まった交通の要としての三軒茶屋の歴史の文脈の上に、三軒茶屋マルシェはあると言え、新たな地域資源として続いていくことが期待される。

(5) 持続可能な発展を支えるまちづくり計画

　これまでのまちづくり計画の多くが都市整備や都市計画の視点から具体的な都市空間に関わる「計画」を書き入れるのに対して、三軒茶屋駅周辺のまちづくり計画には、まちでの活動や取り組みがイラストで描かれている。まちでの活き活きとした活動を推進するための市民との意識の共有や、行政庁内の部署をまたがる調整、まちづくり会議などの進め方などを形成することに重きを置いていた結果である。

　これまでの行政の作成する「計画」が事業を行う礎であったのに対して、

今回の計画は既にあるまちのストックを利活用しながら、持続可能なまちづくりを展開していくための、これから起こる取り組みや事業の道筋をつける羅針盤とも言えるものであった。その進め方や手法は、その時、その場所、そのケースによってとる方法が異なるアジャイルな（機動的な）まちづくりになっていくと考える。また、これから起こる取り組みの案をさまざまな角度から提案してもらうために、大学との連携も進んでいる。エリアマネジメント研究室の学生が、世田谷区の地域の街づくり課に対して三軒茶屋駅周辺のまちづくり活動の提案を毎年行っているのもその一環である。

　実空間を伴わずに社会活動が可能となるDXの時代、都市がまちとして利用されていく現代的な意義を人々が実感できる、実空間としての人との交流の場の創造がまちづくりの要になってきている。

　交流の場を創造するにあたり、これまでの公共が整備してきた公共空間を、その時や場所に沿って暫定的にアレンジしたり、空間の再整備や利用の方法を再構築したりする手法がさまざまなところで試されている。交流の場は厳密な意味での公共空間でない、民有の公的な空間である場合も増えている。こうした都市に蓄積されたパブリックスペースを、現在とこれからのまちが必要とする、人のためのプレイスとする取り組みはさらに進むだろう。そうした取り組み、また、そこから派生する事業を下支えすることが、三軒茶屋駅周辺でこれまでにつくられてきたまちなみの持続可能な発展を支える、これからのまちづくりであり、その進め方としてのまちづくり計画であったと言える。

3.2.2　南町田周辺における地域資源の発掘と地域活性化提案

(1)はじめに

　筆者の主宰する東京都市大学 都市安全環境研究室では、2020年度より東急総合研究所と連携して「南町田プロジェクト」を行っている。多摩田園都市の拠点の1つである南町田周辺を対象に、学生の目線で地域資源を発掘し、それらの認知度向上と地域活性化に繋がる提案を行うことが目的である。

　このプロジェクトを始めた背景として、2020年から始まったコロナ禍がある。新型コロナウイルス感染症の急速なまん延により政府は7都府県に緊急事態宣言を発令し、その後、全国に拡大した。不要不急の外出自粛が呼びかけられ、リモートワークやオンライン会議が急速に普及した。東急線沿線は東京一極集中の都市構造のもと通勤・通学需要に支えられてきたが、With/Afterコロナでは人の動きが以前の水準には戻らないと想定されることから、これまでとは異なる人の移動を創出する必要性があるのではないか。その第一歩として、地域内での周遊観光を活性化させるための方策を学生の柔軟な発想で提案してもらえないかというお話をいただいた。こちらとしても研究室3年生のプロジェクト演習というゼミ活動の題材を模索していた時期だったので、2020年秋から産学連携によるプロジェクトが始まった。

(2) 対象地域について
　南町田プロジェクトでは、南町田グランベリーパークを中心に半径5km圏内を対象としている（図3.9）。

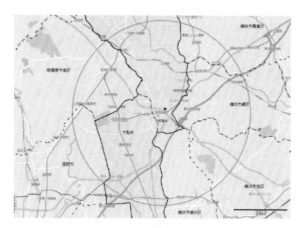

図3.9　対象エリア

　南町田グランベリーパークは東急と町田市との共同事業により、商業施設と公園に加え住宅や駅前広場などが一体的に再開発されたエリアである

（図3.10）。かつてここには「グランベリーモール」というアウトレットモールがあったが、老朽化により2017年に閉鎖され、隣接する駅や鶴間公園と合わせて約22haが2019年にオープンした。

図3.10　南町田グランベリーパーク

　南町田グランベリーパーク駅は東急田園都市線の急行停車駅で、渋谷から最短33分でアクセスできる。同駅の乗降客数を図3.11に示す。

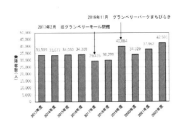

図3.11　南町田グランベリーパーク駅の乗降客数　※2019年9月までは南町田駅
（東急電鉄ホームページより筆者作成）

　前身のグランベリーモールの時代は年間34,000人前後で推移しており、同モールが閉館した2017年度、2018年度は落ち込んだが、グランベリーパークとしてまちびらきした2019年度は4万人を超え、2022年度には42,591人と順調に推移している。

このようにグランベリーパークは集客力がある施設なのだが、中で完結していて周辺地域と繋がりが弱いという問題意識を持っている。たとえば、パークの西側を境川が流れているが、近くに行かないと川を感じることができない。

また、鶴間公園内には水道みちという横浜に水道を供給する道が通っているが、敷地内で分断されている。さらに、パークの周辺には大山街道や旧鎌倉街道が通り、歩いてみると自然資源や歴史資源があるものの、一部の人にしか知られていないように思われる。

南町田は町田市の副次核に位置づけられているが、同市の南端にあたるため、対象エリアは大和市、横浜市などの市域を含む。そのため、これらの自治体にもヒアリングをして情報収集を行っている。

(3) 学生の課題提案

南町田プロジェクトは、2020年度から毎年学部3年生を中心に実施し、得られた知見を引継ぎつつ毎年テーマを変えて取り組んできた。以下では、その成果のうち2つを紹介したい。

①経験できる川、境川（2022年度 佐藤 喜紀、岩本 愛美、箱石 怜一羽、深尾 直杜）

図3.12　グランベリーパーク付近の境川

　境川は相模原市の城山湖付近を源とし、東京都と神奈川県の境を流れる二級河川である。川沿いの道の町田市内区間は「境川ゆっくりロード」と名づけられ、自転車と歩行者の動線となっている。この境川はグランベリーパークのすぐ近くを流れているが、川の存在を感じにくい。また、東京都側は柵で囲われている（図3.12）。

　一方、高度経済成長期以降、流域では市街化が急速に進み、水害が発生するようになった。町田市洪水・土砂災害ハザードマップによると、最大5～10mの浸水が想定されている。そこで、水害時における「浸水」対策と平時からの「親水」を両立させた空間整備のあり方を検討することとした。

●川を「見るだけの場」から「経験をする場」にする

　浸水への一番の対策は、日常の川を知ることだと考えた。日常がわかるからこそ異常事態に反応できる。また、境川でないと得られない日常体験、境川から感じる自然の豊かさから、川を「見るだけの場」から「経験をする場」にというコンセプトとした。

　以下に提案の要点を述べる。

●新たな歩行者空間の創出

　境川沿いはランニングやサイクリングの場となっているが、川との距離が遠く、川と触れ合う経験が生まれていない。

　また、自転車が通り危険を感じる場面がある。そこで、これまで以上に境川に親しみをもてるようにし、歩行者の安全性も向上できないかと考えたのが川面と同じ高さの歩行者空間の創出である。既存のゆっくりロードは自転車が中心、新たにつくる空間は歩行者が中心となる（図3.13）。

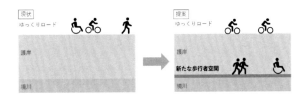

図3.13　新たな歩行者空間の整備イメージ

　歩行者空間のアクセス口には可動式の柵を設置し、増水時には進入できないようにする。

●川岸のビオトープ化

　現状、複数地点で川岸に草が生えっぱなしになっており、川との距離が遠い。また、境川の生態系を感じにくい。そこで、境川の自然と人が関わり合えるような空間にしたいと考えた。川底を、水草が根づきやすく泥も堆積しやすいポーラスコンクリートにし、また、陸地での生態系の保全を行いビオトープ化する（図3.14）。

図3.14　川岸のビオトープのイメージ

●自然を感じる護岸

　護岸を階段上にして緑を植えることで、従来のコンクリート護岸の無機質・殺風景という印象を覆し、歩行者が楽しみを感じられる環境になるのではないか。また、水際で生きる生物の生息場所になることも期待できる（図3.15）。

図3.15　階段状の護岸のイメージ

●遊水地公園の形成

　境川の鶴間公園前には広い遊水地がある。増水時には水を貯めて洪水を

防ぐ重要な施設であるが、平時から門が施錠されていて入ることができない。こうした遊水地を平時に有効活用できないだろうか。公園内に境川の水を引いてビオトープを形成し、境川周辺の生態系の保全と子どもの環境学習で活用する（図3.16）。

また、増水時には普段遊んでいる場所が水没することによって自然災害の怖さを知り、防災意識が高まることが期待される。

図3.16　遊水地公園のイメージ

●照明を利用した水位アラート

人吉市の球磨川で導入された「ライティング防災アラートシステム」を参考に、プロジェクションマッピングで水位を護岸に投影し、住民に危険を知らせるシステムを考えた。AIと画像認識によって水位を監視し、基準水位に達した場合に照明の色が変化することで住民へ危険を伝えることができる。非常時には川までの道が封鎖されるため、平常時には安心して川に触れることができる。

②横浜エリアへの導線となるモビリティ（2021年度 鈴木 颯人、鈴木 辰治郎、田中 優太郎）

このチームでは南町田グランベリーパークから横浜方面への新しい軸をつくることをテーマとして取り組んだ。対象エリアの横浜市旭区、緑区にはよこはま動物園ズーラシアや里山ガーデン、神奈川県立四季の森公園、三保市民の森など自然資源が豊富に存在している（図3.17）。

また、空き地や未開発地が多く、開発が行いやすいと思われる。一方、バスが主要な交通だが本数が少ないためアクセスが悪い、アクティビティやイベントがうまく活用できていないといった課題が挙げられた。このこ

とからバスに代わる新しい交通を創造し、南町田と横浜エリアを繋げる導線をつくる。また、各公園同士を繋げ、相乗効果を生み出すことをコンセプトとした。

図3.17　里山ガーデン

● モビリティ：ロープウェイ×グリーンスローモビリティ

横浜エリアの公園や森は、グランベリーパークから徒歩で移動するには困難な距離にあり、起伏もある。また、各公園施設が孤立していて関係性が薄い（図3.18）。

図3.18　横浜エリアの現状
（課題点）

そこで、南町田と横浜エリアを繋げる導線としてロープウェイを、公園同士を繋げ、相乗効果を生み出すためにグリーンスローモビリティを提案する。表3.5は2つのモビリティのメリットとデメリットを検討して整理したものであるが、これらを組み合わせることで互いのデメリットを補い、対象エリアに適したモビリティにできると考えた。

表3.5 モビリティのメリット・デメリット

	メリット	デメリット
ロープウェイ	・高低差のある場所でも移動しやすい ・ある程度多くの人を輸送できる ・乗り物自体が観光資源になる	・決まった地点にしか人を運ぶことができない
グリーンスローモビリティ	・小回りが利き、狭い道でも通行できる ・環境負荷が少ない ・自動運転など将来性が高い	・長距離の移動に適していない

提案のコンセプトをまとめたものが図3.19である。

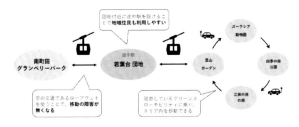

図3.19 提案のコンセプト

ロープウェイのルートは、南町田グランベリーパーク駅からズーラシア付近までとする。途中に若葉台団地があるためこの付近に途中駅を設けることで地域住民の利用も期待できる。

グリーンスローモビリティ（以下、グリスロ）は時速20km未満で公道を走る電動車を活用した移動サービスである。里山ガーデン、ズーラシア、四季の森公園、三保市民の森にバス停を設け、1周約7kmのルートを循環する。そして、動物の森連携ゾーンを乗り換え拠点として公園や森をグリスロで繋ぎ、周遊できるようにする。

●ソフト面での企画

グリスロで公園同士を繋げることができるが、特定の施設に人気が集中するおそれがある。そこで、スタンプラリーを設け、全施設を周ってもら

えるようにする。1つの施設に1ヶ所ではなく2ヶ所程度設置することで散策してもらえる。スタンプラリーの内容によってさまざまな年代の人が楽しむことができるので、周遊観光やグリスロとの相性が良いと考えられる。たとえば、手ぬぐいスタンプラリーはどうだろうか。ズーラシアでは飼育している動物、里山ガーデンでは季節の草花など各施設に関係するスタンプを用意し、自分独自の風景を手ぬぐいにつくるのである。スタンプの種類は季節・期間ごとに変え、何度も来訪したくなるようにする。

　以上の提案をマップにまとめたのが図3.20である。

図3.20　提案に基づく横浜エリア未来マップ

(4)おわりに

　対象エリアは都会とも田舎とも言えない地域で、観光というイメージはあまりなく、目立った地域資源があるわけでもない。こうした地域で魅力を発見し、地域活性化を考えるのは難しい課題だが、だからこそやりがいがあると感じている。

　筆者としては、あくまで学生の発想を尊重し、提案の実現可能性は重視していないが、ヒアリングや発表会の際にさまざまな立場の方から意見をいただくのは学生にとって貴重な機会になっているようである。自治体や地域の方々との関係も構築できてきたので小さいところから展開していければと考えている。

3.3　都市空間の発展戦略

　ここでは、林 和眞准教授がポストコロナの働き方変化を踏まえ、多摩川の自然や羽田空港近接という立地優位性を活かし、蒲田ならびに東急多摩川線・京急空港線エリアイノベーションについて、川口 和英教授が一足先に働く郊外として集客力を発揮している二子玉川に着目し、自然と緑を活かし、かつSDGs共感を引きつける環境まちづくりに意義と可能性について論じる。

3.3.1　ポスト・パンデミック時代のサステナブル田園都市とは―イノベーション＆インクルーシブによる広域エリアマネジメント

キーワード：

ポスト・パンデミック、未来ビジョン、広域エリアマネジメント、定住要件、30 min生活圏、イノベーション＆インクルーシブ

(1) ポスト・パンデミックにおける徒歩生活圏の重要性

　我々の生活を大きく変化させたCOVID-19パンデミックから約2年近くが経った。COVID-19により変化したものもあるし、もとに戻ったものもたくさんある。パンデミックが我々に教えたものは何であったか？

　まず、大きな変化としては、外出自粛により人との接触を控えたことである。この動きに伴い対面のコミュニケーションが減り、バーチャル空間でのコミュニケーションが活発に行われた。そして、テレワークという新しい働き方が定着した。これらは、パンデミックによる変化というよりは、パンデミック以前から技術の種はあったものの、あまり必要性を感じられなかったものがパンデミックにより加速化したとも言える。

　テレワークはポスト・パンデミックの時代でも定着されると予想できる。東京都の調査によるとテレワークはかなり定着している（図3.21）。この中で、完全テレワークよりは週3日出勤、2日在宅といったハイブリッド系が多くなっている。今後も状況に応じて出社とテレワークを併用する働き

方が定着すると思われる。この傾向は東京のみならずニューヨークやロンドン都市圏などでも見られることであるが、東京の方がよりテレワークの比率は高い。

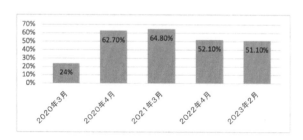

図3.21　テレワークの比率（東京都）
（出典：東京都（2023）https://www.metro.tokyo.lg.jp/tosei/hodohappyo/press/2023/03/
17/12.html）

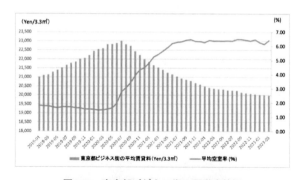

図3.22　東京都ビジネス街の不動産状況
（ビジネス街：千代田区、中央区、港区、新宿区、渋谷区）
（出典：三鬼商事 https://www.miki-shoji.co.jp/rent/report/branch/21）

　出社そのものが必要でなくなることにより、東京都市圏の人口構造にも変化が見られた。国内の人口は都市圏レベルではそこまで減っていないが、都市圏の中では変化が見られた。2021年度は東京都中心部から神奈川県などの周辺自治体への移住が多く見られた。このような傾向は、オフィス空室率と賃料の変化ももたらした。パンデミック初期は空室率が大きく上がった。一方でパンデミックの終わりになると、賃料にも徐々に変化が生じることになった。テレワークが定着し、自宅で過ごす時間が増えること

で、夜だけ自宅にいる生活より、日中でも自宅近辺の生活圏で過ごすことが多くなっている。また、職場から近いことがメリットだった都心から、豊かな自然環境と比較的広い面積を確保できる郊外への動きも徐々に見られるようになった。すなわち、徒歩の生活圏が重要となり、田園都市が注目される時代が来たとも言える。

2023年秋現在、パンデミックは完全に終わりを見せている。ポスト・パンデミックと言っても過言ではない。ポスト・パンデミックではどのような持続可能な田園都市が建設されるようになるか？

ハワードが考えた田園都市も、衛生やより良い住環境を求めて都市の外側へ移住する動きも伴っての発展であった。今回のパンデミックにより、次なる田園都市についての検討が必要ではないか。ここはポスト・パンデミックにおける田園都市に向けてどのようなビジョンが描けるか、その具体的な提案と方策について述べることを目的とする。

(2) 広域エリアマネジメントから見る生活圏の再構築

パンデミックの終わり頃、筆者が主幹している研究室では、2022年度のプロジェクトとして、大田区にある東急多摩川線沿いの3つの駅を結ぶ広域エリアマネジメント構想を提案することを試みた。研究室所属の3年生が主導し、4年生の一部もチューターとして参加した。3人が1チームを構成し、蒲田駅、羽田（天空橋駅）、多摩川駅を担当した。半年をかけてフィールドワーク、関連統計や資料の調査、関係各所へのヒアリング、何回も重なる構想会議を経て、最終成果物を研究会と区長に発表する機会を得た。ここでは、それらの簡略な内容を踏まえ、広域エリアマネジメントから見た生活圏の再構築について考察を述べる。

全体的な提案の骨子として、まずは蒲田駅の中心性をさらに強化するとともに、今度新しく整備される新空港線とのシナジー効果についても言及した。とりわけ蒲田駅については新空港線の駅で乗り換えて通過されないように、降りて歩いて楽しめる仕掛けをつくることも意識した。

また、蒲田駅周辺地域から羽田空港近くの天空橋駅のエリアまでは近い未来に完成されるリニア新幹線から羽田空港までをシームレスに連結する

広域的なアクセシビリティを向上させ、蒲田駅から羽田空港まで流れる人の動きをつくることも今後の方向性として有効であると提案した。とりわけ、天空橋駅近くの羽田地域では、HICityをさらなる有効活用し、近隣をより住みやすい地域とし、地域の原住民を増やすことを提案した。

　一方で、多摩川エリアは多摩川線のローカルな雰囲気と利便性を活かし、国内・都内向けのエリアをつくることで、大都市圏東京における癒やしの空間を整備することを提案した。

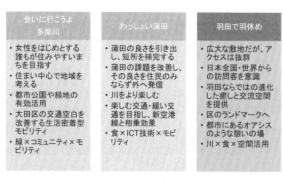

図3.23　各提案の概要

　さらに、個別の提案を見てみる。多摩川地域は、「会いに行こうよ 多摩川」というキャッチフレーズで女性をはじめとする誰もが住みやすい街を目指すことを提案の軸とした。すなわち、住まい中心で地域の基盤を再点検し、豊かな都市公園と川辺の緑地など持続可能な都市には欠かせない自然との触れ合いを強調した。この地域の課題としては、弱い地域交通が挙げられ、大田区には多くない交通空白地がかなり存在する。バスに依存せざるを得ない地形や環境の限界を打破するため、新しい個人型モビリティを武蔵小杉や大森と結び、既存のモビリティを改良する夜間のタクシーサービスを提案した。

　蒲田地域は、「わっしょい蒲田」というキャッチフレーズで蒲田地域の良さである活気と飲食店を活用した。また、「呑川」という現在は近づきにくい河川を積極的に活用するプランを提案した。ロープウェイの設置により滞在型交通観光を提案するとともに、中小飲食店を地域で束ねられるフー

ドロス削減アプリケーションを提案した。新空港線でエリアの交通利便性が上がることで、滞在と交通そのものを楽しめる要素としてロープウェイを提案した。最後に羽田地域は、「羽田で羽休め」というキャッチフレーズで、広大な敷地とアクセスの良さを活かし、日本全国や世界からの訪問客を意識する提案を行った。都市の憩いの場を設け、こちらも食を意識するプランとした。

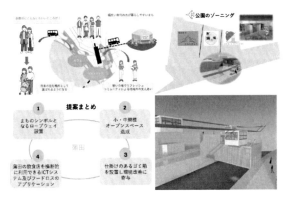

図3.24　各提案の骨子とイメージ図

(3) ダブルIによるサステナブルな田園都市—イノベーション＆インクルーシブ

　上述した提案では、以下のようなサステナブル田園都市の全体像が溶け込んでいる。

1. 環境負荷を最小限にしたレジリアントなコミュニティとする
2. 「そこそこ」満足できる生活の質（Quality of Life）を保証する
3. 「そこそこ」の経済成長を実感できる
4. 最先端技術を最大限に活用する
5. 歴史と文化を尊重する

　このような5つのサステナブルな要素からすると多摩川・蒲田・羽田地域では、コミュニティ形成を最終的な目的とし、定住要件を充実に整備することで「そこそこ」の生活の質（Quality of Life）を保証した。さらに、

これらによる外からの財貨を稼ぐ仕組みにより「そこそこ」の経済成長を実感できるようにした。とりわけ、蒲田と羽田地域ではこれらの機能に注目した。また、ICT技術やモビリティ技術を積極的に取り入れるプランとなった。これらのプランは、歴史と文化を考慮した地域に根ざしたプランを設定した。これらをまとめると、今後の田園都市には、「心ゆたかな暮らし」（Well-Being）と「持続可能な環境・社会・経済」（Sustainability）に技術と歴史・文化を混ざり合わせた活性化策が必要となる。

　そして、プランだけではサステナブルな田園都市は実現しない。各主体による役割分担が必ず必要である。沿線エリアの広域的なマネジメントの方策としては、大原則として官民連携が重要である。その際、官（大田区、中央官庁など）は制度の改善、特区などの活用、最初の資金、継続的なモニタリングを行う。沿線が存在する地域では、鉄道事業者などは沿線を活かしたまちづくりを企画し、広域的な資源配分と連携を行い、エリアのまとめ役となるべきである。そして、地域住民や地域企業は積極的なオーナーシップを持ち、新しい取り組みへ挑戦するとともに、多様かつ同じ目標に向けた足並みを揃える役割が必要である。これらだけでは地域のイノベーションはなかなか生まれない。必ず、大学や研究機関によりシンクタンク、サンドボックス、イノベーションの原動力を誘致し、協力し合うことで、地域の未来像をともに設計することができる。

　また、地域の中で閉じられず地域間連携によるシナジー効果をもたらすことが必要である。技術を最大限活用し、既存のツールのみならず今後は生成系AIなどに関する注目も必要である。そして、イノベーションだけでは地域住民の生活は改善されない。幸福度を上げ、より持続可能な地域をつくることに欠かせないものは、インクルーシブである。インクルーシブは包括とも言われ、誰一人も取り残さない仕組みである。

　このようなサステナブル田園都市の究極的な姿は、どのようなものか。それは、誰一人も残さない幸福で快適な生活圏を形成することである。このエリアのインクルーシブスクエアに向けて、沿線全体でインクルーシブエリアを目指すことで、イノベーション＆インクルーシブというダブルIを実現する地域にすることが、この先の未来への究極的な田園都市の理想形であることは間違いない。

3.3.2 TODによるサステナブルな田園都市（二子玉川）集客的視点から見た二子玉川の未来とTOD―「集い」、「繋がる」街の形成

(1) 二子玉川とTOD

TOD（Transit-Oriented Development）は、自動車交通などのみに頼らず、公共交通機関の有機的な利用を前提につくられた都市開発、沿線開発のことを指している。日本は明治以降、高速道路体系よりも先に鉄道建設を優先的に軸に都市を発展させてきた特徴があり、郊外部については私鉄が積極的にまちづくりを誘導してきた大きな特徴を持つ。

二子玉川についても、人々の移動手段や都市生活の拠点として、ウォーカブル（Walkable）な歩いて楽しい街の実現や環境共生型の都市開発によってCO$_2$削減や人々のモビリティ向上の面でも、将来の都市開発の上で、大きな可能性があることにも繋がる。

図3.25　二子玉川ライズ・ガレリア
(1) 開放的で明るい空間と (2) イベント開催時の様子

公共交通機関と徒歩・自転車の交通分担率からすると、自動車を運転しなくても首都圏の都市部エリアではビジネス、生活が問題なく営めるレベルとなっている。TODを有効活用しながら駅周辺の開発密度を高め、車や歩行者ネットワークの充実を図ることで、さらに環境負荷を抑えながら高い効率性と安全性、シンボル性を兼ね備えた駅拠点づくりが進められる。

ここでは、二子玉川エリアの新しい都市の姿をTODおよび集客の観点で分析を行う。二子玉川を例として、共通の課題や、未来の都市のあり方について皆さんと一緒に考えてみたい。

(2) 二子玉川が注目される理由

　二子玉川は，東京都（世田谷区側）と神奈川県（川崎市側）との接続箇所にある。今日、多摩川流域は東京都側の世界レベルのものづくりの場としての大田区、国際化への入口である羽田空港、川崎側の先端企業の研究所群、殿町キングスタウンなど東京圏域の中でも残された世界レベルの研究機能、ものづくり、経済活性化のエンジンとなる貴重な開発余地となり得る場とも言える。

図3.26　美しい流れの多摩川と多摩川にたたずむ水鳥（アオサギ）

　ちなみに、筆者は1970年代から1990年代にかけてほぼ毎日、神奈川県から東京都側に二子大橋を渡り、通勤通学で二子玉川エリアを眺めてきた。水質汚染がひどい時期には、洗濯機の中のように泡が水面を飛び、お世辞にもこのエリアに住みたいとは思わなかったが、現在の多摩川の美しさは比較にならないほどである。また、二子玉川の水質問題、特に1960年代から1980年代にかけての深刻な水質汚染から、環境再生によりできれば住みたくない街から住みたい街に大きな変化を遂げている点でもある。集客の観点からすれば、都市的環境が改善することにより、「人が集まる街」へと抜本的に変化、成長することのできる良い事例でもあることだ。

　2011年3月に第1期街開き、2015年が第2期完成で約10年が経過した二子玉川ライズをはじめとする市街地再開発により、国内のみならず世界からTODを活かした開発事例として着目される。現在は、多くの人々の関心を集め、一部上場企業の本社機能もこの地で展開されている。環境と調和したTODの成果が注目される集客機能を備えた都市開発として、注目に価する開発事例と言える。

　また都市生活を送る上で、鉄道・バスなどの公共交通機関は人々の生活機能を繋ぐために重要な役割を果たしている。その利用目的は、朝夕の通勤・通学、ビジネス活動、日々の買い物行動、休日の旅行など、非常に多岐にわたる。駅やバスターミナルなどを利用する機会も多くなり、利用者が集中する駅、もしくは、その周りには生活利便のためのさまざまな都市機能が集中する。これに伴い住宅開発も連動し、不動産的な価値も駅との関係性が非常に大きい。駅からの歩行距離は家賃に直結し、駅から雨に濡れずに到達できるオフィスや店舗は、価値が高く評価される。

(3) 世界からも注目を集める二子玉川

　TODにより駅・鉄道そのものの改良と広場などの基盤施設整備、駅隣接地区の都市再開発を同時に進めるプロジェクトが進行している。公共空間のコネクターとしての「アーバンコア」が整備されることによって、地域の新しい文化・娯楽・商業の新拠点の形成などが期待できる。現在、TODは世界の新興国においても注目されている都市的課題である。慢性的な道路の交通渋滞に悩む中国、東南アジア、インド、中東、南米などの各都市が、車中心社会から公共交通中心の社会への変革を目指している。

　各国とも都市部での公共交通網建設とそれに沿ったTOD型都市づくりを政策課題の1つに掲げ、公共交通の先進国から知恵を学ぶ動きが見られる。鉄道と都市の一体整備、一体運用という面で、世界で類を見ない発展の例として二子玉川エリアは適切であるとも言えるだろう。東京都市大学等、同エリアと深い関係のある大学・研究機関にとっても、活発な国際交流の場としても期待される。

　渋滞解消と効率的な経済発展のためにはTODが必須となってきている一方で、諸事情でジレンマを抱えているハードの計画のみならずソフトとも一体的に開発が行われることが重要と考えられる。しかし、日本型のTODプロジェクトが、そのまま海外において同様に展開できるかというと簡単ではない面もある。日本は、国土が狭く道路をつくる空間が取れない、地価が高く土地（空間）の有効利用が必須、高密度居住が許容される、気候が比較的穏やかで歩きやすい、格差が少なく公共交通機関の治安が良い、と

いう特殊事情がTOD発展の必然性を生んできたとも言えるだろう。

　以下、2010年に再開発で生まれた二子玉川ライズプロジェクトや周辺の開発について考察してみよう。

(4) 地域的な特性—二子玉川の交通、地域特性

　二子玉川を考える上で、地域特性として大きな要因である現在の国道246号線は江戸時代、「大山道」と呼ばれ「大山詣」で行き交う人々で賑わっていた。大山街道は青山、渋谷、多摩川、足柄峠、矢倉沢を繋ぎ、江戸庶民の大山街道を繋いだ。大山道と登戸道の分岐するところ、三軒茶屋と用賀の間に近道が開かれて、一般には両道とも大山道と言われていた。現在の246号線、東急田園都市線が通る側が旧大山街道である。

　江戸時代は幕府が基本的に軍事的な理由などで長い間、多摩川における架橋を制限してきた。このため現在の二子玉川エリアにも、神奈川側との両岸を二子村と瀬田村に分かれていた二子の渡しがあった。「多摩川」の「二子の渡し」は、「大山道」の一部、瀬田（現在の「二子玉川駅」付近）・二子（現在の「二子新地駅」付近）間を結ぶ渡し船で、渡し場の周りは茶屋、宿屋などで賑わい、行楽地として集客していた。

　明治期には「軍隊の街」となり、玉川電気鉄道（通称「玉電」）が開通し、東京郊外の別荘地・住宅地、行楽地として発展し集客した。戦後、旧陸軍施設跡には住宅、公園、学校などが誕生した他、戦前の別荘や住宅の分譲地があった場所を中心に高級住宅地となった。玉電は自動車の交通量の増加や地下鉄の建設などにより廃止された。その後、1960年代に「首都高速3号渋谷線」、東急新玉川線（田園都市線）の開通もあり、交通利便性が高い地域となっている。行楽地として発展した二子玉川は、昭和40年代以降は郊外の商業地としても発展した。1907（明治40）年、玉電が渋谷・玉川（現・二子玉川）間で開通した。ルートの大半が「大山道」上を通る路面電車で、当初は「多摩川」の砂利輸送を目的の1つとしていた。三軒茶屋付近を行く玉電で、砂利を運ぶ貨車が連結されており、「ジャリ電」とも呼ばれた。玉電による砂利輸送は1935（昭和10）年前後まで行われた。その後、陸軍から働きかけなどで1923（大正12）年に発生した「関東大震災」

復興のため「二子橋」の架設が決まり、1925（大正14）年に完成、渡しは廃止となった。玉電は「二子橋」の建設に出資し、利用権を得て橋の中央に単線の軌道を敷設し、1927（昭和2）年に玉川（現・二子玉川）・溝ノ口（現・溝の口）間に溝ノ口線を開業した。

　また、鉄道の発展に伴う都市開発の視点からその歴史を改めて概ねたどると、1907（明治40）年　玉川電気鉄道開通、1909（明治42）年　玉川遊園地開園、1922（大正11）年　玉川第二遊園地開園、1925（大正14）年　玉川プール開場、1954（昭和29）年　第二遊園地が東急運営の二子玉川園へとリニューアル、1969（昭和44）年　玉川高島屋S・Cオープン。1992（平成4）年　二子玉川園跡地の一角にナムコ・ワンダーエッグ開業、1995（平成7）年　いぬたま・ねこたま開業、2007（平成19）年　二子玉川東地区市街地再開発事業着工、2011（平成23）年　第一期再開発事業が終了「二子玉川ライズ」が一部オープン、2015（平成27）年　第二期再開発事業が終了「二子玉川ライズ」が完成、となっている。

(5) 未来型都市と環境との共生

　その歴史を追うと1960年代より工業排水、家庭排水、窒素・アンモニア・リン・亜鉛など微生物にとって豊栄養な物質が流出し、界面活性剤で泡立つ状況が発生していた。1960年代より、二子多摩川周辺部においては水質汚染が顕著で、その環境回復に時間を要した。1975年の頃はかなり汚染され、泡立った状況を示していた。その後、1970年代になり「水質汚濁防止法」が制定され、工場排水などが厳しく規制されるようになった。

　また、公共の下水道の整備と下水処理施設の設置が進行して家庭からの生活排水に対策が行われるようになったことも大きい。事業所などからの有害物質の排出制限が、環境改善に大いに役立っている。2000年頃には、美しい流れになっており、約40年間で環境を再生してきたと言って良いだろう。昔の二子多摩川（水質汚染からの回復）といったことが挙げられる。こうした深刻な水質汚染からの劇的な回復は、この街の魅力の向上に大きく貢献していると言えるだろう。

　なお、二子玉川ライズについては、環境性能に関する認証であるLEED

（Leadership in Energy and Environmental Design）を国内で最初に受賞したプロジェクトである。LEEDは、米国グリーンビルディング協会が所管する環境性能評価指標「LEED ND（まちづくり部門）」には3つの評価指標があり、各指標の総合的な合計値で評価される（1. 立地条件、2. コミュニティデザイン、3. 環境配慮型建築）。

そこでは、1) 生物多様性を評価する「JHEP 認証」で最高ランクAAAを取得するなど生態系の保全に取り組んでいること、2) インフラ整備や建物において資源の保全やエネルギーの高効率化などの環境配慮に取り組んでいること、3) タワーオフィスにおいて「LEED NC（新築ビル部門）」においてゴールド認証を取得していることなどが審査、評価された。

図3.27　二子玉川ライズ・展望デッキと屋上ビオトープ

ちなみに、二子玉川ライズについては、1) 田園都市線、大井町線、各種バスとの良好な交通アクセス網を確保している、2) 安全で快適な歩行者空間を形成し、高密度でコンパクトな開発をしている、3) 商業、オフィス、公共施設や多くの住戸パターンを持つ住宅を集積させ、さまざまな年代の人々が多様な目的で集う複合機能都市を整備していることなどがその受賞要因として挙げられる。

(6) 二子玉川ライズを取り巻く歴史と再開発—地域環境との調和
① 市街地再開発として事業スタート

同エリアはテーマを「水と緑と光」自然との共存として開発された東京都世田谷区玉川再開発で生まれた街であり、「市街地再開発組合」施行、市街地開発事業による約11.2haで開発である。検討開始33年で全体完成し

ている。ちなみに市街地再開発事業とは、細分化された土地利用の統合、不燃化共同建築物の建築、道路・広場・公園などの公共施設の整備、空地の確保などを総合的に行って、安全で快適な都市環境をつくりだすものであり、二子玉川ライズは第一種市街地再開発事業である。行政としての世田谷区は区民の生活を支える拠点として、市街地再開発事業により地区の特性に合わせた補助・指導・助言による支援を行うことで事業を推進してきた。この中で、世田谷区の保有する公園用地と、民間企業側が有する開発用地を交換し、開発の先端（東側部分）に約6.3haの二子玉川公園（世田谷区）を整備したことは、街をウォーカブルで調和のとれた開発とする上でたいへん重要な役割を果たしている。二子玉川公園については再開発前の二子玉川ライズの敷地は、その半分近くが都市計画公園区域にかかっており、そのまま再開発しても事業性を確保することが難しかった。そのため世田谷区は1989年に都市計画を変更。公園の区域を駅から遠い東側に移動させ、III街区に隣接して約6.3haの二子玉川公園を整備し、世田谷区が管理している。その意味で、民間のみならず公共が果たしている役割はたいへん大きい。

②3街区の段階的開発

東西に大きく3つの街区が存在する。西端の駅周辺から二子玉川公園や多摩川まで1本の歩道「リボンストリート」で貫かれる。また、地域通貨、SDGsの観点などより、DXも導入しながら持続可能で魅力ある将来の地域活性化に繋がる都市を検討している。

・ショッピングセンター、オフィスビル、バスターミナル、タワーマンション型集合住宅、と連続した約6.3haの二子玉川公園（世田谷区）。

中央の街区を第2期に回し開発着手され、2010年にIII街区の住宅ゾーン完成。2011年春に駅近くの商業施設がオープン、第1期が完成し、3月に街開き。2015年、II-a街区に5階建ての低層棟、30階建て高層棟が完成。検討開始33年で全体完成。

・駅周辺から二子玉川公園、多摩川まで歩道「リボンストリート」で貫かれる。

I-a街区：二子玉川ライズ・ドッグウッドプラザ；レストランや物販店舗が入る8フロアの商業施設。1987年に開業、2007年に再開発に商業施設

「Dogwood Plaza」をリニューアルする形でオープンした。

Ⅰ-b街区：多摩川側から、オフィス棟の二子玉川ライズ・オフィス、ガレリア、商業施設の二子玉川ライズ・ショッピングセンターおよび二子玉川ライズ・オークモールがある。

Ⅱ-a街区：商業施設の入る低層棟とオフィスとホテルが入る高層棟の2棟が位置する。

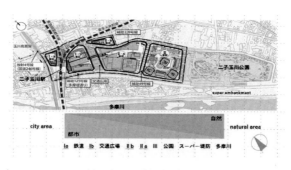

図 3.28　二子玉川 CiteArea

低層棟：2階にリボンストリートと繋がる中央広場。3・4・5階レベルにビオトープや菜園を3ヵ所に配置。家電店『蔦屋家電』、iTSCOM STUDIO & HALL （多目的ホール）、109シネマズ二子玉川など。開発テーマは自然との共存である。

・2015年12月から、空港連絡バス（羽田線・成田線）の起終点。

・二子玉川エクセルホテル東急：2015年7月開業：客室数106室。

・再開発以前の地域で商売を営んでいた地権者を中心とする店舗と住宅。

二子玉川ライズ・タワー&レジデンス：二子玉川東地区市街地再開発組合、東京急行電鉄、東急不動産が開発。総戸数1038戸で3棟のタワー棟、2棟のレジデンス棟からなる。RC造（一部S造）。

高層棟

楽天クリムゾンハウス：楽天が2015年6月より本社機能を品川から移転し、2015年9月下旬に移転を完了。東急が「楽天」に誘致を働きかけ、高層棟2階から27階のオフィスゾーンに本社を移した。効果は大きく、二子玉川駅の1日の乗降人員は2017年度には約16万人と、誘致前の2014年

度から26％増えている。2015年12月から、空港連絡バス（羽田線・成田線）の起終点、2016年4月からは、今治行き夜行高速バス「パイレーツ号」の乗降場所にもなっている。

二子玉川ライズ・バーズモール：再開発以前に、この地域で商売を営んでいた地権者を中心とする店舗と住宅が入る。

(7) 今後の未来について

① Withコロナ、Afterコロナの時代

　今後持続可能な、未来都市像を考える上で、2030年をターゲットとしたSDGsによる考え方の導入をすることが望まれる。また、2020年〜2022年にかけ、新型コロナウイルスの影響により、各地において大幅な集客力の減退が見られた。二子玉川エリアも例外ではなかったが、密を避け、自然の風や大気に十分触れることのできる都市という意味ではWithコロナ、Afterコロナの時代を考慮しても地域の活性化として有利な都市空間であるとも言える。さらに、地域における地産地消、雇用、エネルギー循環システム、経済的な持続の必要性などの検討をしていく必要性があるだろう。自然環境の他、体験可能なアクティビティに係る情報、地域の魅力・利用情報を発信すること、地域の利用促進・周遊性の確保を図ることなどがさらに重要と考えられる。TODという言葉自体は近年登場した概念のため、まだ馴染みがない人も多い。しかし、この10年ほど日本の都市開発として海外からも注目される都市開発概念となっている。東京都内では山手線各駅などをターミナルとした都心沿線型などが見られるが、二子玉川については渋谷などからのアクセスとして東京の西の端にあたり、郊外型なおかつ沿線型であるとも言えるだろう。これからの進化形も予想され、このエリアはTODの要件を満たしている。

② 「駅まち一体型」、「まちの核」―ウォーカブル（Walkable）な歩いて楽しい街としての発展

　駅とまちの一体的な進化により周辺域がより機能のアップした街になるだろう。この街で働きたい、この街に住みたい、この街で遊びたいという街となってくることが望まれる姿である。また、ウォーカブル（Walkable）

な歩いて楽しい街としての形成という意味では二子玉川の持つ自然、緑、環境との調和の機能は重要である。それぞれのゾーンをデッキも含め繋いで歩けることは大事である。この街を訪れる人にとってさまざまな居場所、緑が豊か、生物多様性が確保できた居心地が良い街の形成に繋がる。

図3.29　二子玉川ライズでの国際ワークショップ活動などの様子

　さらに、多様な視点で交流人口が増え、街からの情報発信が行われることが望まれる。そのためには、産官学の研究交流や国際化も含めた視点が重要となり、街の暮らしのプラットフォームになることなどが考えられる。「集う駅」、「繋がる」ことがこれから改めて重要になると考えられる。人々の駅や街の情報も連携することで、モビリティが繋がることの機能は大きい。利便性でもMaaS（Mobility as a Serviceの略）の積極的導入、駅勢圏が拡大して駅勢圏自体が沿線にも街を拡大して暮らしが結びついていくことが望まれる。

　人の暮らしの利便性と都市生活の質的向上、TODが駅と街の関係から、沿線と土地開業などへ拡大解釈していくと、人がここで暮らしたい、自然に触れながら働きたいといった利便性や快適性を高めていくことができる。

3.4 都市空間を支える交通基盤（総括）

ここでは、西山 敏樹准教授が柔軟な発想における都市空間とモビリティ活用・新技術導入により、D&I・社会的包摂的視点で水準の高いサステナブルなまちづくりの可能性について論じる。

3.4.1 持続可能性のあるSDGs型アーバンモビリティの発想

(1) はじめに

元来、交通は人と人を交わらせて、我々が物・情報・場を得ることを支援する。人と人の交際やつき合いを深めさせて、究極的に幸福度＝福祉度を高める役割を担う。そうした交通の役割に、高齢者や障がい者が増える今、我々は今一度着目したい。

筆者は、交通分野の2大課題であるユニヴァーサルデザインとエコデザインの融合化を専門とする。筆者は電気自動車（ここでは、電気を電池に蓄えて走る狭義の電動車を指す）や自動運転車の研究に永らく関与し、排ガスと音が出ない車輌が自動で建物内を自由自在に走る未来を夢想してきた。それにより、今の駐車したところから目的地までの移動をカットできることは想像に難くない。

筆者は、「"交福＝交通＋福祉"で人類の幸福度を上げる」ことをミッションに研究を行ってきた。サステナブルな未来都市を考える上で電気自動車＋自動運転は必須である。さらに、建物の中を多様な車輌が走る世の中が多くの人の移動抵抗を抑え、交福度の上昇に寄与すると考える。ここでは、筆者が考えて議論・研究を進めてきた未来都市のモビリティの世界観を紹介し、それを皆様と共有したい。

(2) 電気自動車と建築との融合へ

筆者は、大型バスからパーソナルモビリティに至るまでさまざまな電気自動車の試作・評価を進めてきた。研究開発の中心的技術は「集積台車」である。図3.30は乗用車用の集積台車である。

図3.30　電気自動車用の集積台車の実物（乗用車用）

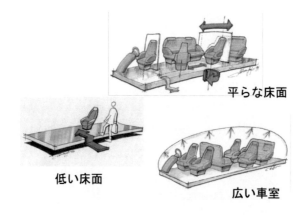

図3.31　ユニヴァーサルデザイン性を向上させる集積台車の特長

　エンジンをモーターに換装するコンヴァート型電気自動車ではなく、ゼロから電気自動車専用のプラットフォームを開発する特徴がある。走行に必要な機器の電池やモーター（各ホイールの内側に小型モーターを取りつけ、大型モーター1つと同じ走行力を維持するインホイールモーター式）、インヴァーターを電車の動力車のように床下に配置するところにある。その特長から、同サイズでもエンジン車に比べ広い車室や平らで低い床面を実現できるので、ユニヴァーサルデザイン性も向上する（図3.31）。

①電車のモーター車のような「電動フルフラットバス」

　国産の既存の大型ノンステップバスは、従来型のリヤエンジン式のツーステップ車の技術を援用している。ゆえに、車輌後部を中心に段差が増えて車内での事故も増えている。

　この喫緊の課題を前提として、筆者は大型電動フルフラットバスの研究開発を進めてきた（2009年度環境省産学官連携環境先端技術普及モデル策定事業）。

　集積台車をバスに用いた世界初の事例で、利用可能な車室の拡大、インホイールモーターと多くのリチウムイオン電池による一充電走行距離伸長、社会的要請であるバリアフリー性の確保を同時に実現できた（図3.32、詳細は西山敏樹・長束晃一：『公共交通の自動運転が変える都市生活』、近代科学社（2023）を参照されたい）。

**図3.32　筆者が中心的に携わった
電動低床フルフラットバスのエクステリア**

　車輌単体のユニヴァーサルデザインとエコデザインの融合を実現でき、その効果の拡張として建築物内部の走行を検討してきた。

**図3.33　電動バスにすればエンジン車と同じサイズでも
多くの乗客が乗車可能**

　たとえば、デパート内に電動バスを走らせれば買物後、すぐにバスに乗って帰ることができる。荷物を持ちバス停まで歩く移動抵抗を削減できる。車輛の単体から移動システムへ、ユニヴァーサルデザインの性能も拡張できる。小さい集積台車を用いれば中型バスや小型バス（図3.33）、救急車などを仕立てられる。

　救急車を電動化し救急措置室にまで入れるようにすれば、医療面での効果も大きい。電動バスが駅改札口に乗り入れ、すぐ鉄道からバスへ乗り換えられる風景も想定できる。夢想するといろいろ楽しくなってくる。

②病院などの屋内移動も支援する「自動運転パーソナルモビリティ」

　筆者は慶應義塾大学医学部の教員を務めていたとき、高齢の患者や障がいを持つ患者から「なんで病院の中はこんなに移動しにくいのか」という声をよく聴いた。慶應義塾大学病院で外来患者の移動状況を調べた。病院内での移動頻度は1回の通院で6.0回、移動距離の合計は286mで、高齢者や障がい者が自力で移動するつらさが顕在化した。

図3.34　病院内を走行する一人乗り用の電動自動運転車輛

図3.35　屋外と屋内を直通できる電動自動運転車輛
（乗用タイプ）

　この病院内での移動抵抗を減らす手段として、筆者は建築物内を走行する一人乗り用の電動自動運転車とその運用システムを試作開発した。また、屋外と屋内を直通できる電動自動運転車輌、同貨物車輌も試作開発した（図3.34、3.35）。こちらも電動バスと同様に、利用の拡張シーンを検討している。今後も起こる可能性がゼロとは言えないコロナ禍のようなパンデミックの状況下では、自動運転車に乗ったまま会議に出たり、買物をしたりする環境も夢想できる。たとえば、病院の受診シーンも変化するかもしれない。ショッピングセンターや空港、駅など、こうした車輌の適用範囲も広くて明るい未来を感じる。

③パンデミック対応や働き方改革を支援する「オフィスカー」

　コロナ禍と働き方改革の政策下で、テレワークや在宅ワークを行う人が増えている。筆者は、2020年度に東京都市大学総合研究所未来都市研究機構の研究の一環で、首都圏の都市生活者にコロナ禍での労働状況とその将来展望に関する社会調査を実施した。結果、在宅ワーク中のZoomなどの家族間での混線をはじめ業務に集中できる書斎的な空間へのニーズ、在宅ワーク中に一人で休息やストレス解消をできる空間へのニーズ、ワーケーション自体への若者を中心としたニーズが見られた。これらのニーズを同時に解決できる装置として筆者は「オフィスカー」、すなわち電動＋自動運転型の小型オフィスを提唱している（図3.36、3.37）。

図3.36　オフィスカーのエクステリア立体イメージ

図3.37　オフィスカーの利用イメージの立体模型

　ワーケーション支援、自宅で集中したいときの活動支援など、これもいろいろ活用シーンを夢想できる。未来都市の働く環境も楽しくなりそうである。

(3)「未来はこうもあるべきではないか」―スペキュラティヴ・デザインのススメ

　ここで紹介した建築物の中を電動＋自動運転の車輌が走る突拍子がない、しかし、究極的な世界観は、「移動抵抗がより小さく、しかも持続可能性のある未来社会に移動環境が貢献すべきだ」という哲学に基づき生まれたものである。まさにイギリス由来のスペキュラティヴ・デザインに依る研究である。「未来はこうもあるべきではないか」、すなわち建築とモビリティが融合するという夢想からのバックキャストで、思索的に必要な電動車輌を編み出し開発してきた。未来都市にイノヴェイションを起こすためには、「複数の分野をまたぐ知の創出」、「複数の分野のすき間に位置する知の創出」、「複数の分野が融合した知の創出」、「複数の分野に共通する知の創出」、「複数の分野を包括・統括する知の創出」、「分野の先端部分の知の創出」、「常識を疑い逆の方法がないかの探究」、「他分野での方法論を自分の分野にあえて当てはめる実験的な探究」の8つの姿勢が重要と提唱し、筆者はそれを実践してきた。また、分野融合型の新しい交通の知を提案してきた。

　筆者の研究室では、通勤型の電車を走るスーパーに仕立てて、買い物難民の解消および鉄道事業の活性化に資する「買い物列車」を生み出した（図3.38）。

図3.38　通勤型車輌を走るスーパーにした「買い物列車」

　また、バス事業の縮小を鑑み、バス営業所の空きスペースを地域交流に活用する「バスで地域交流」（図3.39）などの活動も進めている。

図3.39　バスの営業所内で地域交流を行っているシーン
（バリアフリー・ユニヴァーサルデザイン学習会の例）

　こうしたアイデアは、皆が驚く従来にないものであるが、「未来はこうもあるべきではないか」という夢想を現実化したものに過ぎない。そうした思索的に未来都市の姿を夢想しながら、現実に近づく対応策を考えることが、サステナブルで明るい未来都市を考える上で非常に重要な姿勢である。本書をまとめる2023年10月6日には、編著者の太田 雅文・西山 敏樹の2名が企画および司会を担い、「未来都市のモビリティ」をテーマとするサステナブル田園都市研究会を開催した（図3.40）。

図3.40　未来都市の公共交通について
編著者らが企画運営したサステナブル研究会

　ここでも、公共交通の人手不足と自動運転、自動運転時代の歩車共存、急がずとも楽しさを感じられる移動、公共交通事業者や自動車メーカーの新規事業戦略などが議論された。すぐ解は出ないが、思索的に未来都市の姿を夢想し未来への対応策を考えることが大切である。読者の皆様も是非バックキャスティングな方法でモビリティの未来を考えていただきたい。

おわりに

　改めてTODの歴史を振り返ると、英Garden Cityを「田園都市」として輸入、郊外に住み都心で働き鉄道で通勤するライフスタイルを提案したTOD 1.0、郊外を単に住むだけではなく、商業をはじめさまざまな機能を導入するなど「二次開発」を進めた2.0、TOD事業者をはじめとした企業が行政による支援のもと、地域コミュニティと連携しながらエリマネなど諸活動を展開した3.0。そして、ポストコロナの今後の潮流やサステナブル意識の高まりを踏まえ、これまで商業が中心的機能であった郊外拠点の再構築やオフィス偏重を改め東京の国際的地位を高めるべくイノベーション開拓など都市機能の充実やシビックプライドへと繋がる質の高い空間デザインといった新たな都市構造と価値創造へと導く4.0、ならびにこれにDX・GX技術の活用を加え、離れた場所同志での繋がりによる関係・交流人口を広げ、かつ人々のサステナブル行動変容を喚起する5.0へと整理した。これを踏まえ、以下、これからのまちづくりに向け15の提言をする。

提言1　TODを基本に据える

　まちづくりの軸を公共交通とすることにより、エネルギー消費の観点より移動が効率化されるのと同時に、人と人との交流が促進され、対面コミュニケーションから知識が増幅し、気づきやアイデアが生まれる。このようなSerendipity＝偶然な幸運はイノベーションへと結びつき、地域の持続的発展や社会課題解決のきっかけとなる。

提言2　駅周辺における「場」づくり（プレイスメイキング）を進める

　利便性の観点より駅ならびに周辺の価値は高い。TODの基本である駅周辺の高度利用を進めるのと同時に、必ずしも短期的な収益性の最大化を目指すのではなく、中長期的視野で価値創造・増大へと繋がる「リビングラボ」的性格も持つ「場」（プレイス）を開設する。不動産事業として、新しい視点での事業・投資評価基準が必要になってくるであろう。

提言3　エリマネにより「場」からの発信をまちづくりへ繋げる

　TOD＝駅を中心としたまちづくりという色彩が強く、これまでのまちづくりは行政主導で進められてきた。駅が行政境に位置するケースも少なくないので、今後はまちづくりの担い手を民間事業者が主体的に関与する

エリアマネジメント（エリマネ）組織へと移管する。駅直近だけではなく、少なくとも徒歩圏（1kmくらい）を視野に、さまざまな主体・人々が参加できるD&I（Diversity and Inclusion）の枠組みを整える。

提言4　デザインされたウォーカブル空間でシビックプライドを喚起する

　もちろん、交通結節点としての利便性やビルとしての収益性は重要だが、駅周辺の空間はコモン＝公共財であるとの認識のもと、ウォーカブル空間としていかにサステナブルに貢献できるのか、という観点で、街を支えるシビックプライドを高めるべく、緑化も含めたデザインに配慮し、豊かさや潤いを感じさせる空間とする。道路、広場、河川などの公共空間の多目的活用や賑わいをもたらすイベントに向け、エリマネ組織を活用する。

提言5　都心側拠点（例：渋谷）の「ハブ」としての資質を高め活用する

　たとえば、渋谷の特徴はいくつもの鉄道が集まるターミナルであることと同時に、「渋谷発」の肩書きが意味を持つ情報発信「ハブ」ということにある。世界都市東京の牽引役としての資質そのものを広域的視野（Greater SHIBUYA）で高めると同時に、内輪の盛り上がりだけで満足せず、この資質を持続的な地域の成長や社会課題解決に向けて活用する。

提言6　既存の軸上拠点間を横方向に繋ぐ新しい軸を創る

　元々、都心から郊外に延びる鉄道が大都市TODの主要「軸」であったが、ポストコロナの働き方・都市構造変化を踏まえ、既存軸間を横方向に繋ぐ新しい軸を整備することにより、異なる鉄道沿線間をまたがる包括的なまちづくりを進める。バスをはじめとした公共交通、緑道・グリーンインフラなどを駅へのフィーダーだけではなく広域まちづくり視点で、MaaSなどモビリティ支援のソフト施策も加え、最適解へと導く。

提言7　駅から離れた軸（沿線）間においてプレイスメイキングを進める

　高度経済成長期に多く開発されてきた団地再生はもちろんのこと、自然豊かな公園・緑地や農業が交流の場としての位置づけを高めてきている潮流を認識する。地域固有の小さくても強い資源"Small & Strong"を活かし、人材・スタートアップ育成の拠点の潜在性は必ずしも高度利用が卓越した市街地内だけではないことを踏まえたまちづくりを進める。

提言8　脱炭素まちづくりを進める

　2050年までに温室効果ガス排出実質ゼロならびに2030年までにほぼ半

減を目指すことを前提とした場合、対応は待ったなしの状況となっている。TODを基軸にプレイスメイキングと軸・モビリティ整備による「納豆」構造を基盤とし、脱炭素のモデル地域や市民会議といった限られた場から広く周辺に波及する仕組みを整える。

提言9　データ活用により行動変容を促す

　ICTなど技術革新によりさまざまなデータを取得・活用できるようになっている。主として公的主体が持つ地形、インフラ、建物などのハード形状データに加え、民間が持つ人々の行動データも合わせ分析し、わかりやすく見せることにより日々の行動を変えることが期待できる。いわゆる「ナッジ」と呼ばれるきっかけづくりを、「スマートシティ」的アプローチで、エリマネ組織を基本とした地域プラットフォーム上で推進する。

提言10．地域・コミュニティ通貨の仕組みを活用する

　公共サービス提供の効率化に向け、仕事とボランティア中間の「お手伝いごと」を有償化することへの関心が高まり、自治体（渋谷、世田谷など）主導型で、スマホアプリ活用による地域・コミュニティ通貨の導入が進んでいる。事業者には主として販促やマーケティングを目的としたポイント制度があり、組み合わせの可能性がある。これも含め、連携による行動変容喚起や地域の持続的発展に向けた有効性について検討する。

提言11．QoL・ウェルビーイングの向上を目指す

　スマートシティは一歩進めた「健康・未病・ウェルネス」都市へと発展させることができる。かつての「金妻」に代表される高級化やお洒落感ではなく、昨今の「利他」指向ニーズに応えながら新しい「豊かさ」の実感を通じたQoL（生活の質）向上を、デジタル技術も活用したウェルビーイングとして提供することも、サステナブルなまちづくりの基軸に据える。

提言12．歴史と文化をデジタル化し、取り組み評価のKPIを定義する

　まちづくりやエリアマネジメントは短期的な収益増は期待できず、むしろ中長期的視野での「投資」という色彩が強く、当面の出費としてどの程度であるべきかという指針が必要となってきている。数値化が困難とされているサステナビリティ（特に歴史と文化の尊重）指標を「見える化」することにより「実験」を「実装」化、ESG視点での経営評価にも結びつけるべく、活動・取り組みによって得られる成果をKPI化する。

提言13. TODサステナブル田園都市モデルを「輸出」する

"Garden City"にTODを組み合わせた「田園都市」は、サステナブルな都市モデルとして、国内だけでなく海外諸都市からの導入ニーズは高い。この観点で先駆的取り組みを果たしてきたフロントランナーは、地域の持続的発展、社会課題解決にも繋げるべく、広く貢献する責務を負う。鉄道を基軸に据えた沿線まちづくりのノウハウを他地域へと「輸出」することにより、得られた知見により自らもさらに成長する。

提言14. サステナブル・デジタル田園都市により地方創生を目指す

大都市と地方都市間の格差拡大は、わが国まちづくりにおける最大の課題の1つである。一方、デジタル技術はコミュニケーションにおける物理的距離のバリアを克服する。地方都市には、大都市にない"Small & Strong"の存在が期待できる。どちらかが発展しどちらかが衰退するorの関係から、どちらも発展できるandの関係のサステナブル・デジタル田園都市へとTOD事業者のリソース（例：ホテル事業）活用により導く。

提言15. 選ばれる街とするため、「サステナブル」でブランディングする

高度経済世長期においてはよりハイレベルでお洒落な生活を満喫する、いわゆる「金妻」ブランディングが田園都市まちづくりの基本であった。しかし、ポストコロナの生活スタイルや価値観の変化のあるこれから選ばれる街とするためには、多様性を受け入れ実践する寛容性を以て社会に貢献する「サステナブル」が街のブランド形成の柱になってきている。

まちづくり視点では、拠点が散らばり、これらをモビリティなどの軸により結びつける自律分散型、いわば「納豆」型の都市構造をいかに創り上げていくのかということが課題となるが、前提となるのは、これまでの経済政策の中で重視されてきた「トリクルダウン」を超える理念が求められているところにある。「トリクルダウン」とは、富める者が富めば貧しい者にも自然に富がこぼれ落ちてくる、従って格差が拡大したとしても貧困層の所得が底上げされるはずという理論で、アベノミクスをはじめ経済成長を目指した政策の根底にあった。本書でも取り上げてきた、平成の時代を謳歌した「都市再生」も同様の文脈で語られる。多機能・用途が混在する複合型巨大開発・超高層ビルにより街の拠点性は高まり、人口と経済活動の集積は富を生み出す。ここからこぼれ落ちてくるものにより周辺エリア

も潤う、いわゆる外部効果を内部化するモデルである。そのため、拠点開発プロジェクトの一環としてエリマネも組織化される。

　問題は、トリクルダウンモデルが長続きするものなのか？「サステナブル」なのか？ということであるが、多くの企業城下町が経済変動や産業構造変化の影響を受けてきた歴史を振り返ると、はなはだ心もとないものがある。そもそも1デベロッパーやTOD事業者が地域まちづくりの先導役であり続けることに無理がある。人材や資金に限りはあるし、それほど「万能」ではない。よって地域側から見れば、企業（あるいは行政）に頼るのではなく、社会課題解決や持続的成長に向けた地域発のアイデアやイノベーションをどれだけ生み出せるのかということがポイントとなってくるであろう。従って、エリマネの目的・存在意義は、当初は「トリクルダウン」という上から下への一方向の価値の受け皿であったのであるが、一定の期間後には相互に価値を交換するためのプラットフォーマーへと役割を変えていかなければならない。良いアイデアやイノベーションをいかに生み出すのか？ひらめきはなにげない会話や議論から生まれることが多いことより、人と人とのコミュニケーションは重要である。コロナ禍によりオンライン交流も増えたが、やはりリアルに勝るものはないであろう。まちづくりでは交流の「場」づくりが重要である。人と人を繋ぐコミュニケーションプラットフォームの運営とともに、街中に実際に人が集える「プレイス」の設営、さらには複数のプレイスを結びつけるネットワーク化を進めなければならない。自律分散型納豆構造（ナットワーク）である。

　背景として、「サステナブル」意識の高まりに伴い創られる価値が「交換」によるものから「共感」に基づくものの比重が高まってきていることにある。「交換」とはたとえば、労働の対価として賃金が支払われるように通常の経済活動からもたらされる財務価値でGDPに計上される。一方、「共感」とは、とある事柄に共に感じる人々のコミュニティに基づくもので、GDPにはカウントされない非財務価値と言えるものである。たとえば、野菜をスーパーで購入すれば、経済活動に寄与することになるが、隣の畑の農家の人からおすそ分けされてもGDPには貢献しない。一方で、こういったコミュニケーションにより地域のソーシャルキャピタル、ひいてはコミュニティの健全性や人々のウェルビーイングは高まると考えられる。経済成

長とともに、全ての活動を貨幣換算化する傾向が助長されてきたが、これに対する疑問も呈されるのではないか。

また、通常の事業や取り組みは「交換」マネジメントに基づき進められ、事業化の可否・評価は議会、委員会、経営会議といった意思決定の「場」においてB/C（費用便益）や投資のNPV、IRRといった指標に基づき決められる。ただ、この問題は、これまでの潮流を踏襲すれば良いという「罠」に陥ってしまい、課題解決に向け社会を変えるきっかけをつくりにくいところにある。一方、「共感」コミュニティは相互のネットワーク効果によって思わぬ力を発揮することがある。

記録が残っていないので定かではないが、そもそも五島 慶太が多摩田園都市開発を提案した「城西南地区開発趣意書」に緻密なNPVやIRRの試算があったとは考えにくい。成長・拡大する大都市圏において、ワンランク上のより豊かな生活を提供できる街づくりに対して「共感」があったからこそ進められてきたのではないであろうか。100年に一度とも言える大改造が進む渋谷駅周辺整備も、「ガイドプラン21」（2003年）に盛り込まれた4Fスカイデッキが、谷地形を克服する渋谷の新時代インフラとして「いいね」との評価が高く、計画検討推進のエネルギーになった。「難しいであろう」と言われていた、日本橋上空の首都高速道路の地下化も進められることになった。本書でサステナブルなまちづくりの柱の1つとした「歴史と文化を尊重する」に則る「共感」の力の結実と言えるのではないか。

ポストコロナのニューノーマルを迎えた今日、脱炭素、循環型社会、D&Iといった「サステナブル」まちづくりを進めながら豊かさを実感できる社会形成を目指すことは「共感」の源泉となるであろう。すなわち、ステークホルダーの「共感」プラットフォームに基づく実施困難ではあるものの、頑張れば明らかに課題解決・価値創造へと繋がる事業や取り組みの実現に資する「交換」事業ポートフォリオ、シナリオの構築が求められている。

たとえば、休日の行動において自家用車を使うのか、公共交通を使うのかというところはTPOに応じてとても柔軟性の高い領域化を思われるが、TOD事業者としてこれをいかに後者に導くのか、ということは事業戦略の根幹に位置づけられる。一人あたり温室効果ガス排出において鉄道は自家用車の15%程度という試算もあり、明らかに脱炭素視点では公共交通が

上回る。加えて、特に駅を中心とした拠点は運転免許を持たない高齢者をはじめさまざまな人々が集まりやすく、ここへのプレイスの設置はD&Iにも資するまちづくりである。鉄道やバスで行けば一杯飲むこともでき、コミュニケーションは活性化し、ウェルビーイングの高まりや良いアイデア＝イノベーションへと結びつくであろう。起業家・スタートアップ育成の苗床の資質も備わってくるかもしれない。

　問題は、公共交通は所要時間、快適性、そして、費用において自家用車に劣後していることにある。たとえば、休みの日に家族でショッピングセンターに行くにあたって、バスと鉄道を乗り継いで30分のところが自家用車だと20分で済み、暑かったり寒かったりすることなく移動ができ、荷物も多く持ち帰ることができ、しかも家族4人であると安いのであれば、自然と自家用車を選択してしまう。ただ、費用については、モビリティに加えさまざまな商品・サービスを組み合わせたMaaS的取り組みの開発や、運賃や駐車場料金のダイナミックプライシングを戦略的に展開することはTOD事業者ならでのお家芸・事業領域にあるのではないか。

　そして、これらを進めるために、従来から交通、開発、流通など縦割りであった組織・グループ会社間の垣根を取り払い、シナジー効果・コングロマリットプレミアムを発揮できるマネジメントが必須であることは言うまでもない。サステナブルなまちづくりはかつての「官」主導型から、徐々に「民」、それも地域で活動する小さくてもキラリと光る"Small & Strong"の主体と大企業が連携するプラットフォームを行政が支えるスタイルへと変わっていることを意識すべきであろう。

　サステナブル諸施策展開において欠かせないのは、常に持続的発展に向けた「変化」をもたらす新しい発想・アイデアである。本研究を進めるにあたっては、共著者になっていただいた東京都市大学アカデミア、学生の方々との交流により、多くの知見、気づきを得ることができた。厚くお礼申し上げる。いずれにせよ社会課題が山積する中、次世代の明るい未来を拓くべく、サステナブルなまちづくりを進め、新たな「田園都市」創造に向けてのイニシアチブを取ることは、TOD事業者の重要な責務である。

2024年3月　太田 雅文

参考文献

[1] 朝日新聞：「トヨタ、在宅勤務制度を拡充へ　9月から制度化」, (2020).
https://www.asahi.com/articles/ASN72546YN72OIPE00P.html

[2] 井口典夫編著：『成熟都市のクリエイティブなまちづくり』, 宣伝会議 (2007).

[3] Impress Watch「ヤフー、社員の「無制限リモートワーク」開始、「副業人材」110名も募集」, (2020)
https://internet.watch.impress.co.jp/docs/news/1279474.html

[4] 内田宗治：『地形と歴史で読み解く　鉄道と街道の深い関係』, 実業之日本社 (2021).

[5] 太田雅文：「LRT・路面電車を活用した都市再生の可能性」,『運輸政策研究』, Vol.7, No.3, pp.30-40 (2004).

[6] 太田雅文：「田園都市の逆襲に向けて」,『新都市』, Vol.69, No.3, pp.25-31 (2015).

[7] 太田雅文：「田園都市株式会社と東京急行電鉄株式会社」,『運輸と経済』, pp.40-46 (2019).

[8] 太田雅文：「渋谷開発から見た新しいTOD戦略の展望」,『土地総合研究』, Vol.27, No.4 (2019年秋号), pp.17-30 (2019).

[9] 太田雅文：「DXは「破壊的イノベーション」？」, 株式会社東急総合研究所 (2020).
https://www.triinc.co.jp/researcher_column/
研究員コラム > 2020年8月26日記事　より

[10] 太田雅文：「サステナブル・デジタル田園都市」, 株式会社東急総合研究所 (2022).
https://www.triinc.co.jp/researcher_column/
研究員コラム > 2022年3月22日記事　より

[11] 太田雅文：「「トリクルダウン」に代わるものとは？」, 株式会社東急総合研究所 (2023).
https://www.triinc.co.jp/researcher_column/
研究員コラム > 2023年6月29日記事　より

[12] 大西隆：『テレコミューティングが都市を変える』, 日経サイエンス社 (1992).

[13] 小川裕夫：『渋沢栄一と鉄道』, 天夢人 (2021).

[14] ケイト・ラワース著, 黒輪篤嗣訳『ドーナツ経済』, 河出書房新社 (2021).

[15] 国土交通省：「運輸部門における二酸化炭素排出量」, (2023).
https://www.mlit.go.jp/sogoseisaku/environment/index.html
地球環境問題 > ○地球温暖化対策　より

[16] 財経新聞：「富士通、コロナ後も原則リモート勤務へ　在宅手当導入し、新しい働き方を推進」, (2020).
https://www.zaikei.co.jp/article/20200708/574935.html

[17] 斎藤幸平：『人新世の「資本論」』, 集英社 (2020).

[18] ジェーン・ジェイコブス著, 黒川紀章訳：『アメリカ大都市の死と生』, 鹿島出版会 (1977).

[19] Jorge Almazan+StudioLab：「Emergent Tokyo: Designing the Spontaneous City」,

ORO Editions（2022）.

[20] JIJI.COM：「東芝、在宅勤務を恒久化へ　コロナ後も積極活用」,（2020）.

[21] 多摩川アートラインプロジェクト実行委員会編：『街とアートの挑戦。』,東京書籍（2010）.

[22] D. H. メドウズ・D. L. メドウズ・J. ラーンダズ・W. W. ベアランズ三世著,大来佐武郎監訳：『成長の限界』,ダイヤモンド社（1972）.

[23] デヴィッド・グレーバー著,酒井隆史・芳賀達彦・森田和樹訳：『ブルシット・ジョブ』,岩波書店（2020）.

[24] 東京急行電鉄株式会社：「城西南地区開発趣意書」,（1953）.

[25] 東京急行電鉄株式会社・世田谷区都市整備公社まちづくりセンター編：『世田谷線の車窓から』,学芸出版社（2004）.

[26] 冨山和彦：『コロナショック・サバイバル』,文藝春秋（2020）.

[27] 中村文彦・三浦詩乃・三牧浩也・本間健太郎・相尚寿・北崎朋希：『ピークレス都市東京』近代科学社（2023）.

[28] 日建設計駅まち一体開発研究会・新建築社：『駅まち一体開発』,新建築社（2019）

[29] 日本経済新聞：「日立、週2～3日出社　在宅前提に脱・時間管理　ジョブ型雇用を本格導入」,（2020）.
https://www.nikkei.com/article/DGXMZO59584650W0A520C2MM8000/

[30] 日本経済新聞：「在宅勤務権とは　オランダやフィンランドが法制化」,（2020）.
https://www.nikkei.com/article/DGXKZO60332060S0A610C2EA2000/

[31] 日本経済新聞：「NTT 10月から在宅勤務手当　通勤費は実費支給」,（2020）.
https://www.nikkei.com/article/DGXMZO62530810R10C20A8916M00/

[32] 日本経済新聞：「ロゼッタ、本社機能をVR空間に移転　場所問わず業務」,（2020）.
https://www.nikkei.com/article/DGXMZO63550210X00C20A9916M00/

[33] 日本経済新聞：「LIXIL、都内の拠点を本社に集約　生産性など向上」,（2020）.
https://www.nikkei.com/article/DGXMZO64331990Y0A920C2TJ2000/

[34] 日本経済新聞：「ドイツ、年24日の「在宅勤務権」　労働相が提案」,（2020）.
https://www.nikkei.com/article/DGKKZO64713430X01C20A0FF8000/

[35] 日本経済新聞：「クボタ、都内オフィス面積3割減　在宅勤務の拡大で」,（2020）.
https://www.nikkei.com/article/DGXMZO65942760W0A101C2TJ1000/

[36] 日本経済新聞：「アミューズ、富士山麓に本社機能移転　東京オフィス縮小」,（2021）.
https://www.nikkei.com/article/DGXZQOUC01BR10R00C21A4000000/

[37] 日本経済新聞：「テレワーク改修に補助　青梅市、市内の自宅対象」,（2021）.
https://www.nikkei.com/article/DGKKZO73911000V10C21A7L83000/

[38] 日本経済新聞：「電通グループ、本社ビルの売却決定　利益貢献560億円」,（2021）.
https://www.nikkei.com/article/DGXZQOUC038GW0T00C21A9000000/

[39] 日本経済新聞：「LINE、社員の居住地を「午前11時に出社可能な範囲」に　札幌や那覇からの通勤も」,（2021）.
https://www.nikkei.com/article/DGXZQOUC167DP0W1A910C2000000/

[40] 日本経済新聞：「パソナ淡路島移転 1 年　心身充実も医療・教育不安」，(2021).
https://www.nikkei.com/article/DGKKZO77047690X21C21A0TB2000/

[41] 日本経済新聞：「ミクシィやセガサミー、社員の居住地自由に」，(2022).
https://www.nikkei.com/article/DGXZQOUC249CB0U2A220C2000000/

[42] 日本経済新聞：「DeNA、社員の居住地自由に　働き方多様化で人材獲得」，(2022).
https://www.nikkei.com/article/DGXZQOUC0332T0T00C22A6000000/

[43] 日本経済新聞：「ヤフー、遠隔地勤務 130 人　中途採用の応募 6 割増　転居先は九州最多」，(2022).
https://www.nikkei.com/article/DGKKZO63858610Z20C22A8TB0000/

[44] 日本経済新聞：「NTT、単身赴任 800 人解消　居住地不問の働き方広がる　「挑戦家族に負担なく」、人材育成など影響検証へ」，(2023).
https://www.nikkei.com/article/DGKKZO68197300U3A200C2EA2000/

[45] 日本経済新聞：「米オフィス空室増、税収痛手　都市部で課税評価額下落　福祉予算にしわ寄せ」，(2023).
https://www.nikkei.com/article/DGKKZO75293030V11C23A0FF8000/

[46] 日本経済新聞：「オフィス市場、一段と低落　英米の主要都市で空室率最高」，(2023).
https://www.nikkei.com/article/DGKKZO75385630Y3A011C2ENG000/

[47] 日本民営鉄道協会：「大手民鉄の素顔」，(2023).

[48] HYPEBEAST：「イーロン・マスク氏が Tesla の社員に週 40 時間以上のオフィス勤務を要求」，(2022).
https://hypebeast.com/jp/tech より

[49] 橋本崇・向井隆昭・小田急電鉄株式会社エリア事業創造部編著，吹田良平監修：『コミュニティシップ』，学芸出版社（2022）.

[50] 浜野安弘：『We の時代』，東急エージェンシー出版部（1993）.

[51] 葉村真樹編著，東京都市大学総合研究所未来都市研究機構著：『都市 5.0』，翔泳社（2020）.

[52] 彦坂裕編著：『二子玉川アーバニズム』，鹿島出版会（1999）.

[53] 平賀俊孝・根本正樹・西山敏樹：『FUTURE DESIGN 未来を、問う。』，クロスメディア・パブリッシング（2021）.

[54] BBC NEWS JAPAN：「ツイッター、在宅勤務を「永遠に」許可へ　新型コロナウイルス対策で効果実感」，(2020).
https://www.bbc.com/japanese/52643971

[55] Forbes：「IBM が遠隔勤務制度をやめた理由」，(2017).
https://forbesjapan.com/articles/detail/18195/1/1/1

[56] マイナビニュース：「日立、緊急事態宣言解除後も在宅勤務を標準」，(2020).
https://news.mynavi.jp/article/20200527-1043931/

[57] 夫馬真一：『渋谷上空のロープウェイ』柏書房，(2020).

[58] 松原明・大社允：『協力のテクノロジー』，学芸出版社（2022）.

[59] 三鬼商事：「オフィスマーケットデータ」.
https://www.e-miki.com/market/tokyo/

[60] 矢島隆・家田仁編著：『鉄道が創りあげた世界都市・東京』，計量計画研究所（2014）．

[61] リチャード・フロリダ著，井口典夫訳：『クリエイティブ資本論』，ダイヤモンド社（2008）．

[62] レイチェル・カーソン著，青樹簗一訳：『沈黙の春』，新潮社（1974）．

第2章2.5

[1] 小田切徳美：「田園回帰と地域づくり」，『政策オピニオン』，No.185，一般社団法人平和政策研究所（2021）．

[2] 作野広和：「人口減少社会における関係人口の意義と可能性」，『経済地理学年報』，Vol.65，pp.10-28（2019）．

[3] 内閣官房：「デジタル田園都市国家構想総合戦略（2023年度～2027年度）」，（2022）．

[4] 宮口侗廸：『地域を活かす』，大明堂（1998）．

[5] リチャード・フロリダ著，井口典夫訳：『クリエイティブ都市論』，ダイヤモンド社（2009）．

第3章3.2.2

[1] 国土交通省：「グリーンスローモビリティとは」．
https://www.mlit.go.jp/sogoseisaku/index.html
環境 > グリーンスローモビリティポータルサイト より

[2] 東急電鉄：「東急線を知る　2022年度乗降人員」．
https://www.tokyu.co.jp/railway/data/passengers/

[3] 町田市：「町田市洪水・土砂災害ハザードマップ（南地区）」，（2023）．
https://www.city.machida.tokyo.jp/kurashi/bouhan/bousai/fuusuigai/kouzui.html
地図面 より

[4] 町田市：「南町田グランベリーパーク駅周辺地区まちづくり【南町田拠点創出まちづくりプロジェクト】」．
https://www.city.machida.tokyo.jp/kurashi/sumai/toshikei/index.html
駅周辺のまちづくりを進めています > 南町田グランベリーパーク駅周辺地区まちづくりより

[5] 人吉市：「球磨川の氾濫危険度を知らせる仕組みが増えました～ライティング防災アラートシステム～」，（2023）．
https://www.city.hitoyoshi.lg.jp/kanko/kankojyoho/36963

索引

監修・編著・著者紹介

株式会社 東急総合研究所

東急グループの戦略研究所として1986年に設立。東急株式会社およびグループ各社の経営戦略・事業戦略の策定や事業活動の支援を行うとともに、経済、産業、地域、消費構造、消費者意識や行動など、経営環境の変化をとらえた基礎的研究、東急線沿線を主体とした各種情報の収集と分析、グループの幅広い事業活動をカバーする調査研究を実施。このほかグループの経営層を対象とした講演会、一般社員を対象としたセミナー、若手社員を対象とした勉強会を実施し、人的ネットワークの構築にも取り組む。

太田 雅文（おおた まさふみ）

株式会社東急総合研究所フェロー・主席研究員
Ph.D
1959年東京生まれ。東京大学工学部土木工学科卒業、同大学院工学系研究会土木工学専門修士課程修了、ロンドン大学ユニバーシティカレッジ大学院都市計画（The Bartlett School of Planning）にてPh.D取得。東京急行電鉄株式会社鉄道事業本部事業統括部長、開発事業部副事業部長、株式会社東急ステーションリテール取締役副社長、株式会社東急設計コンサルタント取締役専務執行役員都市・土木本部長など、鉄道、都市開発、リテール等TOD・まちづくり関連部門を歴任、2020年4月より現職。
著書（共著）『成熟都市のクリエイティブなまちづくり』（宣伝会議、2007）、『鉄道が創りあげた世界都市・東京』（一般財団法人計量計画研究所、2014）、東京都市大学都市生活学部非常勤講師。
執筆担当：はじめに、第1章、第2章2.1〜2.4、おわりに

西山 敏樹（にしやま としき）

東京都市大学都市生活学部・大学院環境情報学研究科准教授
博士（政策・メディア）
1976年東京生まれ。慶應義塾大学総合政策学部社会経営コース卒業、慶應義塾大学大学院政策・メディア研究科修士課程および後期博士課程修了。慶應義塾大学大学院政策・メディア研究科特別専任講師、慶應義塾大学教養研究センター特任准教授、慶應義塾大学医学部特任准教授、慶應義塾大学大学院システムデザイン・マネジメント研究科特任准教授などを経て現職。一般社団法人日本イノベーション融合学会理事長、一般社団法人日本テレワーク学会理事、特定非営利活動法人ヒューマンインタフェース学会評議員など、学会の役職も多数務める。
専門領域は、ユニバーサルデザイン、モビリティデザイン、未来都市論、社会調査法など。交通用車輌の開発に関する大型プロジェクトを多数経験。ユニバーサルデザインに関わる地域開発も多数手がけており、研究や実務の成果の表彰も20件にのぼる。研究領域に関わる著書も30冊にのぼる。
執筆担当：第3章3.4.1

諫川 輝之（いさがわ てるゆき）

東京都市大学都市生活学部・大学院環境情報学研究科准教授
博士（工学）
1985年生まれ。筑波大学社会工学類都市計画主専攻卒業、東京工業大学大学院総合理工学研究科人間環境システム専攻修士課程および博士後期課程修了。東京工業大学産学官連携研究員、LLP人間環境デザイン研究所研究員、日本学術振興会特別研究員（東京大学）を経て、2017年東京都市大学都市生活学部講師、2022年より現職。
専門は都市防災・地域防災、環境心理行動学、都市・建築計画。生活者の視点に立って災

害に強いまちづくりを進めるため、災害時の避難行動やリスク認知、各種施設における防災対応などに関する研究を行っている。人間・環境学会大会発表賞、日本建築学会奨励賞など受賞。共著に『ニューノーマル時代の新しい住まい』、『都市・建築デザインのための人間環境学』など。
執筆担当：第3章3.2.2

林 和眞 （イム ファジン）

東京都市大学都市生活学部・大学院環境情報学研究科准教授
博士（工学）
1984年生まれ。東京大学大学院工学系研究科都市工学専攻博士課程修了。国立環境研究所社会環境システム研究センター特別研究員、忠南発展研究員（韓国）上級研究員、韓国科学技術院（KAIST）未来戦略研究センター上級研究員を経て、現職。Korea Planning Association国際委員会委員、日本都市計画学会国際委員会委員など多数の学会の委員を務める。
専門は都市・地域計画、地域イノベーション。ビックデータ分析やAIを利用した都市マネジメントなど空間政策と情報科学を組み合わせた研究やインクルーシブプランニングに関する一連の研究を行っている。国内・国際ジャーナルに30編以上の学術論文・研究報告を発表。
執筆担当：第3章3.3.1

加賀屋 りさ （かがや りさ）

東京都市大学大学院環境情報学研究科都市生活専攻
博士前期課程 修士生
1999年神奈川県生まれ。筑波大学附属聴覚特別支援学校高等部卒業後、東京都市大学都市生活学部に進学。大学3年生より、人流計測の高度な専門知識を有する高柳教授のもとで人流計測・建築空間に関する研究を行っている。2023年12月に「LDK空間における生活家具の配置と所作オントロジーから見た広さの適正値に関する研究」の論文を発表。その他、著書で紹介した3DLidarとAIカメラ動画像を併用した同定精度算出、より高精度な人流計測を可能にする手法の模索を行っている。高柳教授の研究室ではマイクロモビリティなど新しい交通手段が既存空間にもたらす影響と課題点を洗い出すためのシミュレーション、OD表分析、災害時における速やかな避難行動を可能にするデジタルサイネージを用いた場合のシミュレーション分析、駅空間を対象とした人流計測など幅広く研究を行っている。
執筆担当：第3章3.1.1

川口 和英 （かわぐち かずひで）

東京都市大学都市生活学部・大学院環境情報学研究科教授
博士（工学）。技術士（建設部門：都市および地域計画）
1986年早稲田大学大学院理工学研究科建設工学専攻修了。1986年4月三菱総合研究所研究員、1997年4月鎌倉女子大学准教授を経て、2008年、東京都市大学新学部開設準備室准教授として着任、2009年4月より都市生活学部都市生活学科准教授。2013年4月より同教授、同大学院環境情報学研究科教授。2014〜2020年、都市生活学部長。専門分野は都市開発・地域計画・建築計画・都市計画・集客施設・地球環境問題・社会資本論他。民間シンクタンクで地域開発や都市計画のコンサルティングに関わり、多くのプロジェクトや調査・研究を実施。
鎌倉市まちづくり審議会委員、鎌倉市環境審議会委員、鎌倉市行政評価アドバイザー、鎌倉市市民評価委員会員民行政評価委員会・会長、鎌倉放課後こども教室検討委員会委員長、神奈川県開発審査会委員・委員長、川崎市土地利用審査会委員、小田原市建築審査会委員・副会長、こどもの国協会理事、群馬県こども関連施設に関する有識者会議委員、NEDO（新

エネルギー・産業技術総合開発機構）技術委員、沖縄県国際学術研究交流拠点整備調査委員会委員などを歴任。
著書に『「環境スペシャリスト」をめざす』『ごみから考えよう都市環境』『社会資本整備と政策評価』『集客の科学』『行動をデザインする（共著）』『スマートライフ（共著）』など。
学位論文は「大規模集客施設の入場者数予測と広域的波及効果に関する基礎的研究」。
執筆担当：第3章3.3.2

坂井 文（さかい あや）

東京都市大学都市生活学部・大学院環境情報学研究科教授
Ph.D
横浜国立大学工学部建築学科卒業後、東日本旅客鉄道株式会社勤務、駅ビル開発や駅施設設計に関わる。一級建築士。ハーバード大学デザイン大学院ランドスケープアーキテクチャー修士後、ボストンのササキ・アソシエイツ勤務、米国の公園設計やキャンパス計画に関わる。オックスフォード大学客員研究員、米国UCLA客員研究員を経て、ロンドン大学Ph.D。横浜国立大学講師、北海道大学工学部建築学科准教授を経て、現職。日本学術会議連携会員、公園財団理事、住宅生産振興財団評議委員、建築学会や都市計画学会の理事を歴任。内閣府、国土交通省、文化庁、スポーツ庁等や、東京都をはじめとする全国の地方自治体の審議会、検討会などに参加。
専門領域は、都市計画のうち特に公園緑地・景観、公民連携など。論文・論説多数、著書に『イギリスとアメリカの公共空間マネジメント』（学芸出版社、2021）、『英国CABEと建築デザイン・都市景観』（鹿島出版会、2014）など。
執筆担当：第3章3.2.1

高橋 輝行（たかはし てるゆき）

株式会社東急総合研究所研究部研究員
修士（国際関係学）
2017年早稲田大学教育学部地理学専攻卒業、2020年早稲田大学大学院アジア太平洋研究科修士課程修了。産業系シンクタンクにて公共分野の各種計画策定・調査研究に従事したのち現職。専門領域は都市地理学、経済地理学、地理情報科学。
執筆担当：第2章2.5

中島 伸（なかじま しん）

東京都市大学都市生活学部・大学院環境情報学研究科准教授、都市デザイナー
博士（工学）
1980年東京都生まれ。2013年東京大学大学院工学系研究科都市工学専攻修了、（公財）練馬区環境まちづくり公社練馬まちづくりセンター専門研究員、東京大学大学院工学系研究科都市工学専攻・助教を経て、2017年より現職。
専門：都市デザイン、都市計画史、公民学連携のまちづくり。アーバンデザインセンター坂井副センター長、渋谷再開発協会渋谷計画2040エリアビジョン委員会委員長、千代田区神田警察通り沿道整備推進協議会神田警察通り周辺まちづくり検討部会長、東京文化資源会議トーキョートラムタウン構想座長を歴任。
受賞歴：日本都市計画学会論文奨励賞、日本不動産学会湯浅賞（研究奨励賞）博士論文部門受賞／著書：『図説 都市空間の構想力』（学芸出版社、2015）、『時間の中のまちづくり』（鹿島出版会、2019）、『商売は地域とともに』（東京堂出版、2017）ほか。
執筆担当：第3章3.1.2

◎本書スタッフ
編集長：石井 沙知
編集：赤木 恭平
図表製作協力：菊池 周二
表紙デザイン：tplot.inc 中沢 岳志
技術開発・システム支援：インプレス NextPublishing

●本書の内容についてのお問い合わせ先
近代科学社Digital　メール窓口
kdd-info@kindaikagaku.co.jp
件名に「『本書名』問い合わせ係」と明記してお送りください。
電話やFAX、郵便でのご質問にはお答えできません。返信までには、しばらくお時間をいただく場合があります。なお、本書の範囲を超えるご質問にはお答えしかねますので、あらかじめご了承ください。

●落丁・乱丁本はお手数ですが、インプレスカスタマーセンターまでお送りください。送料弊社負担にてお取り替えさせていただきます。但し、古書店で購入されたものについてはお取り替えできません。
■読者の窓口
インプレスカスタマーセンター
〒101-0051
東京都千代田区神田神保町一丁目105番地
info@impress.co.jp

TODによる
サステナブルな田園都市

2024年3月22日　初版発行Ver.1.0（PDF版）

監　修　株式会社 東急総合研究所

編　者　太田 雅文,西山 敏樹,諫川 輝之

著　者　太田 雅文,西山 敏樹,諫川 輝之,林 和眞,加賀屋 りさ,
　　　　川口 和英,坂井 文,高橋 輝行,中島 伸

発行人　大塚 浩昭

発　行　近代科学社Digital

販　売　株式会社 近代科学社
　　　　〒101-0051
　　　　東京都千代田区神田神保町1丁目105番地
　　　　https://www.kindaikagaku.co.jp

印刷・製本　京葉流通倉庫株式会社
Printed in Japan

ISBN978-4-7649-0686-0

近代科学社 Digital は、株式会社近代科学社が推進する21世紀型の理工系出版レーベルです。デジタルパワーを積極活用することで、オンデマンド型のスピーディで持続可能な出版モデルを提案します。

近代科学社 Digital は株式会社インプレス R&D が開発したデジタルファースト出版プラットフォーム"NextPublishing"との協業で実現しています。